国家示范性中等职业技术教育精品教材

移动互联网技术应用基础

关锦文　主编　　吴观福　副主编

 华南理工大学出版社
SOUTH CHINA UNIVERSITY OF TECHNOLOGY PRESS
·广州·

内容简介

本课程是中等职业学校计算机专业课程之一。课程紧密结合国家工信部通信行业技能鉴定中心移动互联网技能认证的考核要求,详述移动互联网热点技术,通过实际案例分析,介绍移动互联网技术在实际工作和生产中的应用,提供相应移动互联网技术应用的解决方案。可作为计算机专业学生、各相关行业企业技术人员掌握移动互联网技术及应用的专业教材和培训读本。

图书在版编目(CIP)数据

移动互联网技术应用基础/关锦文主编 . —广州:华南理工大学出版社,2015. 1
(2019. 1重印)
国家示范性中等职业技术教育精品教材
ISBN 978 − 7 −5623 − 4540 − 4

Ⅰ. ①移…　Ⅱ. ①关…　Ⅲ. ①移动通信 − 互联网络 − 中等专业学校 − 教材
Ⅳ. ①TN929. 5

中国版本图书馆 CIP 数据核字(2015)第 021487 号

YIDONG HULIANWANG JISHU YINGYONG JICHU

移动互联网技术应用基础

关锦文　主编　吴观福　副主编

出 版 人:韩中伟
出版发行:华南理工大学出版社
　　　　　(广州五山华南理工大学 17 号楼,邮编 510640)
　　　　　http://www. scutpress. com. cn　E-mail:scutc13@ scut. edu. cn
　　　　　营销部电话:020 − 87113487　87111048 (传真)
策划编辑:何丽云
责任编辑:何丽云
印 刷 者:虎彩印艺股份有限公司
开　　本:787mm × 1092mm　1/16　印张:13.25　字数:330 千
版　　次:2015 年 1 月第 1 版　2019 年 1 月第 5 次印刷
定　　价:33.80 元

前　言

本课程是中等职业学校计算机应用专业、移动互联网技术专业的专业课程之一。课程以培养技能型人才为导向，注重理论与案例相结合进行教学。同时遵循中等职业院校学生的认知规律，紧密结合国家工信部通信行业技能鉴定中心的移动互联网技能认证考核要求，以移动互联网技术应用、信息管理及生产管理三方面需求为导向，详述移动互联网热点技术的应用，大量的技术应用和软件开发实例分析将提高学生的实战能力，同时培养学生针对不同环境的分析问题和解决问题的能力。整个课程中理论知识以够用为度。

课程任务是通过本课程的学习，使学生形成一定的自主学习、沟通与团队协作意识，形成良好的思考问题、分析问题和解决问题的能力，养成良好的职业素养。让学生遵守国家关于软件与信息技术的相关法律法规，形成关键性的软件开发与应用的能力。本书在编写过程中吸收了企业技术人员参与教材编写，紧密结合工作岗位，与职业岗位对接；选取的案例贴近生活、贴近生产实际；将创新理念贯彻到内容选取、教材体例等方面。

本书坚持中职技能型人才培养的定位，在编写时努力贯彻教学改革的有关精神，严格依据移动互联网技能认证考核要求，努力体现以下特色：

1. 以项目任务为驱动，强化知识与技能的整合

本课程采用多媒体教学模式，实施理论实践一体化、教学做一体化教学。教材编写定位科学、得当，力求降低理论知识点的难度；以完成项目任务为切入点，以就业为导向，既突出实际操作技能的培养，又保证学生能掌握必备的基本理论知识；根据中等职业学校学生的认知特点，强化"做中学，学中悟"，尽量将不同知识点与技能点有机连贯起来，带动移动互联网人才培养"工学结合"教学环节的开展；移动互联网应用技术教学资源平台将实现全程视频教学，学生学习不受时间、空间限制，满足学生学习的个性化需求。

2. 以移动互联网技能认证为方向，促进学生养成规范的职业行为

由于本课程是一门综合性、知识性、覆盖面较广的课程，课程内容广泛而又复杂。本课程对接移动互联网技能认证标准，结合中等职业学校学生特点，在重视理论基础教学的基础上，针对不同的知识点，应用针对性较强的教学方法和教学手段，以调动学生的学习积极性，提高教学效果，培养学生良好的职业技能素养。

前 言

3. 以满足知识发展为中心，培养学生创新能力和自学能力

本课程设计了多个实际企业应用移动互联网技术的具体案例，每个案例都能覆盖本课程的知识点，使抽象、难懂的教学内容变得直观、易懂和容易掌握，提高了教学效率。充分利用移动互联网资源、本课程网站资源，在网上和移动互联网智能终端开展教学活动，包括网络课程学习、自主学习、课后复习、课件下载、作业提交、专题讨论、网上答疑等，使学生可以不受时间、地点的限制，方便地进行学习，使学生达到社会相应岗位群所必备的专业知识和专业技能，同时为后续专业课程打下良好的基础。

本书共分六章，建议学时为 36 学时，具体学时分配见下表：

教学内容	重点（☆）	难点（ABC）	学时安排
第一章　移动互联网概述		C	4
第二章　智能手机及操作系统	☆	B	6
第三章　移动互联网热点技术	☆	A	6
第四章　移动互联网产业链		C	2
第五章　移动互联网技术在企业中的应用	☆	A	8
第六章　移动互联网企业应用解决方案	☆	A	10
合计			36

本教材由关锦文主编，吴观福任副主编；第一章由关锦文编写，第二章由尹桂萍编写，第三章由吴观福编写，第四章由肖锦龙编写，第五章由张金良编写，第六章由关锦文、吴观福编写。关锦文、吴观福对全书统稿和修改。

本书在编写过程中参考了大量的文献资料，在此向文献资料的作者致以诚挚的谢意。由于编写时间及编者水平有限，书中难免有错误和不妥之处，恳请广大读者批评指正。

编　者

目录

第一章　移动互联网概述　　　　1

第一节　移动互联网的概念　　　1

　　任务描述　　　　　　　　　1
　　任务分析　　　　　　　　　1
　　材料阅读　　　　　　　　　4

第二节　移动互联网的结构和业务　4

　　任务描述　　　　　　　　　4
　　任务分析　　　　　　　　　4
　　材料阅读　　　　　　　　　7

第三节　移动互联网关键技术　　8

　　任务描述　　　　　　　　　8
　　任务分析　　　　　　　　　8
　　材料阅读　　　　　　　　　14

第四节　移动互联网的发展　　　14

　　任务描述　　　　　　　　　14
　　任务分析　　　　　　　　　14
　　材料阅读　　　　　　　　　18

复习思考题　　　　　　　　　　19

第二章　智能手机及操作系统　　20

第一节　智能手机　　　　　　　20

　　任务描述　　　　　　　　　20
　　任务分析　　　　　　　　　20
　　材料阅读　　　　　　　　　23

第二节　智能手机的发展历史　　24

　　任务描述　　　　　　　　　24
　　任务分析　　　　　　　　　24
　　材料阅读　　　　　　　　　26

第三节　智能手机硬件组成　　　27

　　任务描述　　　　　　　　　27
　　任务分析　　　　　　　　　27
　　材料阅读　　　　　　　　　30

第四节　主流智能手机操作系统介绍　32

　　任务描述　　　　　　　　　32
　　任务分析　　　　　　　　　32
　　材料阅读　　　　　　　　　42

复习思考题　　　　　　　　　　43

第三章　移动互联网热点技术　　44

第一节　手机二维码技术　　　　44

　　任务描述　　　　　　　　　44
　　任务分析　　　　　　　　　44
　　材料阅读　　　　　　　　　51

第二节　射频识别 RFID　　　　51

　　任务描述　　　　　　　　　51
　　任务分析　　　　　　　　　51
　　材料阅读　　　　　　　　　56

移动互联网技术应用基础

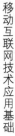

第三节　近场通信技术（NFC）　56
 任务描述　56
 任务分析　56
 材料阅读　64

第四节　云计算　64
 任务描述　64
 任务分析　64
 材料阅读　68

第五节　HTML5　68
 任务描述　68
 任务分析　68
 材料阅读　71

复习思考题　71

第四章　移动互联网产业链　72

第一节　产业链的概念　72
 任务描述　72
 任务分析　72
 材料阅读　73

第二节　如何认识产业链　74
 任务描述　74
 任务分析　74
 材料阅读　75

第三节　IT及信息化产业链典型分析
   思路　76
 任务描述　76
 任务分析　76
 材料阅读　77

第四节　移动互联网产业链　77
 任务描述　77
 任务分析　77
 材料阅读　83

第五节　当前典型移动互联网生态
   系统简介　83
 任务描述　83
 任务分析　84
 材料阅读　93

第六节　移动互联网商业模式　93
 任务描述　93
 任务分析　93
 材料阅读　100

复习思考题　101

第五章　移动互联网技术在企业
   中的应用　102

第一节　移动定位与地图技术应用　102
 任务描述　102
 任务分析　102
 材料阅读　109

第二节　微信平台　109
 任务描述　109
 任务分析　109
 材料阅读　121

第三节　云计算与云存储　121
 任务描述　121
 任务分析　121
 材料阅读　131

第四节　移动电子商务及支付　132
 任务描述　132
 任务分析　132
 材料阅读　145

第五节　移动搜索业务　146
 任务描述　146
 任务分析　146
 材料阅读　151

第六节　企业移动网站与 APP 应用
　　　　软件　　　　　　　　152

　　任务描述　　　　　　　152
　　任务分析　　　　　　　152
　　材料阅读　　　　　　　158

第七节　移动邮件——Push Mail 业务
　　　　　　　　　　　　159

　　任务描述　　　　　　　159
　　任务分析　　　　　　　160
　　材料阅读　　　　　　　163

第八节　移动 SNS 业务　　　164

　　任务描述　　　　　　　164
　　任务分析　　　　　　　164
　　材料阅读　　　　　　　171

复习思考题　　　　　　　　172

第六章　移动互联网企业应用
　　　　解决方案　　　　　173

第一节　移动互联网对商业、经济
　　　　或社会的影响　　　173

　　任务描述　　　　　　　173
　　任务分析　　　　　　　173
　　材料阅读　　　　　　　177

第二节　企业移动互联应用需求
　　　　分析及阻力　　　　177

　　任务描述　　　　　　　177
　　任务分析　　　　　　　177
　　材料阅读　　　　　　　180

第三节　企业移动互联网系统的
　　　　实现策略　　　　　180

　　任务描述　　　　　　　180
　　任务分析　　　　　　　181
　　材料阅读　　　　　　　194

第四节　企业移动互联网技术积累　196

　　任务描述　　　　　　　196
　　任务分析　　　　　　　196
　　材料阅读　　　　　　　201

复习思考题　　　　　　　　202

参考文献　　　　　　　　　203

第一章 移动互联网概述

学习完本章之后，你将能够：

- 了解移动互联网的概念；
- 理解移动互联网的构成；
- 了解移动互联网的业务类型、业务使用情况和特点；
- 了解移动互联网的关键技术；
- 了解移动互联网的发展、现状和未来发展趋势。

第一节 移动互联网的概念

 任务描述

了解移动互联网的概念；互联网的起源；移动互联网的起源。

 任务分析

移动互联网是移动通信与互联网两大领域融合的结果，移动智能终端和互联网的结合，改变了通信与计算方式，提高了人们的生产和生活效率。

一、 移动互联网的概念

移动互联网是指采用手机、PDA、便携式计算机（包括上网本、笔记本电脑、平板电脑等）和专用终端，以移动通信网络（包括 2G、3G、4G 等）或无线局域网及无线城域网（WiMAX）作为接入手段，直接或通过无线应用协议（WAP）访问互联网并使用相关业务，如图 1 - 1 所示。

移动互联网是移动通信和互联网融合的产物。移动通信和互联网这两个发展最快、创新最活跃的领域的融合，产生了巨大的发展空间和创新的业务模式，商业模式层出不穷，甚至在不断改变整个信息产业的发展模式。随着二者融合的扩大和深入，将为用户提供更具移动特性且更深入到人们工作生活的网络与服务体系。

今天，移动互联网的应用越来越广：出差或旅行前可以用手机订票、获取电子登机牌、查看目的地未来一周天气；开车可以用手机导航、查看实时道路交通情况；不在办公室也可以随时随地进行移动办公——用手机进行邮件处理、文档编辑、在线日程安排、在

1

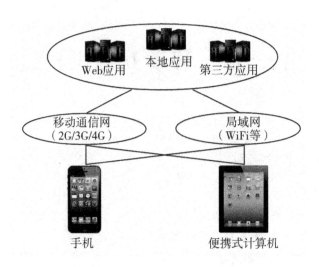

图1-1　移动互联网示意图

线文档协作等；酒店商场消费可以使用电子优惠券、电子 VIP、积分兑换凭证、手机电子支付、购物地点或饭店的评级和查看；碎片或休闲时间可以用手机进行网页浏览、网络阅读、网络游戏、网络音乐、网络视频；还可以用手机进行购物、交友、聊天、发布微博、搜索、理财、预约、远程教育、云存储等。这些多种多样的手机应用背后都有着移动互联网的身影，并且还将不断地改变人们的工作和生活。

二、 移动互联网的起源和发展

1. 互联网的起源

1969 年，美国国防部高级研究计划局（DARPA）资助建立了一个名为 ARPAnet 的网络（阿帕网），该网络把加州大学洛杉矶分校、加州大学圣塔芭芭拉分校、斯坦福研究院以及位于盐湖城的犹他州州立大学的计算机主机连接起来，位于各个节点的大型计算机采用分组交换技术，通过专门的接口信息处理机和通信线路建立连接。这个阿帕网就是 Internet 最早的雏形。

到 20 世纪 70 年代，ARPAnet 已经有了好几十个计算机网络，但是每个网络只能在网络内部的计算机之间互联通信，不同计算机网络之间仍然不能互通。为此，ARPA 又设立了新的研究项目，支持学术界和工业界进行有关的研究。研究的主要内容是采用一种新的方法将不同的计算机局域网互联，形成"互联网"。研究人员称之为"internetwork"，简称"Internet"。这个名词一直沿用到现在。

在研究实现互联的过程中，计算机软件起了主要的作用。1974 年，出现了连接分组网络的协议，其中就包括了 TCP/IP——著名的网际互联协议 IP 和传输控制协议 TCP。这两个协议相互配合，其中，IP 是基本的通信协议，TCP 是帮助 IP 实现可靠传输的协议。

TCP/IP 有一个非常重要的特点，就是开放性，即 TCP/IP 的规范和 Internet 的技术都是公开的。目的就是使任何厂家生产的计算机都能相互通信，使 Internet 成为一个开放的系统。这正是后来 Internet 得到飞速发展的重要原因。

互联网不仅彻底改善了人类的通信与计算方式，极大地提高了人们的生产和生活效率，而且使得人们的劳动方式、生活方式和思维方式发生了全面而深刻的变化，互联网使我们的智慧连成一起，使我们改造社会的实践连成了一体。

互联网开创了一个崭新的时代，彻底改变了我们的整个世界。

2. 移动互联网的起源

1999 年 2 月 22 日，DOCOMO(do communication over the mobile network，电信沟通无界限)这所日本最大的移动电话营运公司正式推出 i‑mode 商业模式，这是全球最早开展的移动互联网业务。i‑mode 是一项手机增值服务，提供的服务类型包括互联网、手机电子邮件、动画内容下载、音乐视频下载和彩铃彩信等。由电信运营商按使用量向用户收取网络使用费，内容提供商和应用开发商则根据不同服务内容，向用户收取信息服务费。

2000 年 5 月 17 日，中国移动互联网(CMNET)投入运行，用户通过 CMNET 接入点可以访问中国移动 CMNET 网络，具有 Internet 完全访问权。中国移动通讯公司还于 2001 年 11 月 10 日正式推出"移动梦网"服务，打造开放、合作、共赢的产业链。手机用户通过移动梦网能够享受到移动游戏、信息点播、掌上理财、旅行管理、移动办公等。随着政府对运营的大力扶持、信息科技的进步和网络的演进发展，中国的移动互联网逐渐发展起来。

以日本的 DOCOMO 和中国移动为代表的这一模式是以运营商为中心、内容提供商协作、用户被动接受的围墙花园模式。虽然这种模式的存在具有一定的合理性，且得到了长足的发展，但存在着致命缺点，主要体现在应用种类少、用户体验差、受信任度低、网络融合性差等方面。同时，在平台层面，采用 WAP 协议的其他运营模式并未实现 WAP 和互联网的无缝对接，WAP 网络完全是一个封闭性网络，是一个"有围墙的花园"，可以把它理解为一个面向手机客户的巨大"局域网"。它体现的仅仅是手机随时随地使用的优势，而没有体现互联网分析、开放的优势。严格意义上说，围墙花园模式只能算是移动互联网的雏形。

3. 移动互联网时代的到来

2007 年 1 月 9 日，苹果创始人兼 CEO 乔布斯在 MacWorld 大会上发布了 iPhone。该手机创新性地将移动电话、可触摸宽屏 iPod 以及突破性互联网终端这三种电子产品完美融为一体，并引入了多点触控技术的 3.5 英寸显示屏和领先功能软件的全新用户界面，让用户用手指即可控制 iPhone。它开创了移动设备软件尖端功能的新纪元，重新定义了移动电话的功能。

乔布斯主导创造的 iPod、iPad、iPhone 等风靡全球的电子产品，引领全球资讯科技和电子产品的潮流，把电脑和电子产品不断变得简约化、平民化，以及由此引领整个行业的全面技术革新，掀起了全世界移动互联网发展的巨大浪潮。

运营商主导的围墙花园模式被打破，真正移动互联网时代到来了。移动智能终端和互联网的融合才是真正的移动互联网。在这一阶段，一个重大变革是通道和应用实现了分离，从而导致在应用层面，业务和平台从封闭走向了开放，花园的围墙被推倒，移动网络和互联网之间不存在隔阂。

作为苹果的竞争者，谷歌则打造了开源 Android 操作系统。该系统把整个通信产业的模式互联网化，对整个移动互联网产业形成全面冲击和深远的影响。

材料阅读

2011年10月5日，乔布斯因病逝世，享年56岁。乔布斯是改变世界的天才，他凭借敏锐的触觉和过人的智慧，勇于变革、不断创新，引领全球资讯科技和电子产品的潮流，把电脑和电子产品不断地简约化、平民化。乔布斯主导创造的iPod、iPad、iPhone等风靡全球的电子产品，由此引领整个行业的全面技术革新，掀起了全世界移动互联网发展的巨大浪潮。

第二节 移动互联网的结构和业务

 任务描述

了解移动互联网的层次结构：终端层、网络层和应用层。

 任务分析

移动互联网改变了接入手段，引入了新能力、新思想和新模式，催生出新型产业链条、服务形态和商业模式，从而生成适合移动终端的互联网业务。

一、移动互联网的结构

移动互联网不等于移动通信加互联网，实质上，移动互联网体现的是融合，继承了移动和互联网两者的综合特征。互联网的核心特征是开放、分享、互动、创新，而移动通信的核心特征是随身、互动。由此不难看出，移动互联的基本特征就是：用户身份可识别、随时随地开放与互动和用户使用更便捷的产业，是用户身份可识别的新型互联网，真正实现人类沟通和数字化生产的大解放。

移动互联网将移动通信和互联网这两个发展最快、创新最活跃的领域连接在一起，并凭借数十亿用户的规模，正在开辟ICT(信息通信技术)产业发展的新时代。移动互联网不是固网互联网的简单复制，它不仅改变了接入手段，而且引入了新能力、新思想和新模式，进而不断催生出新型产业链条、服务形态和商业模式。

将移动互联网解剖开来，可分为三个层次，即终端层、网络层和应用层，如图1-2所示。

1. 终端层

移动互联网终端是指采用无线通信技术(如Web/WAP)接入互联网的终端设备。其主要功能就是移动上网，因而对于各种网络的支持就显得尤其重要。WiFi自不必说，对各种2G/3G/4G标准网络的支持逐渐成为移动互联网终端的标准配置。无线通信技术和待机时间是移动互联网终端设备最重要的两大技术指标。当前，主要的移动互联网终端包括智能手机、平板电脑、上网本、MID(mobile internet device)、移动互联网设备(如中国移动推出的WiFi)、笔记本电脑、MP5/MP6等。

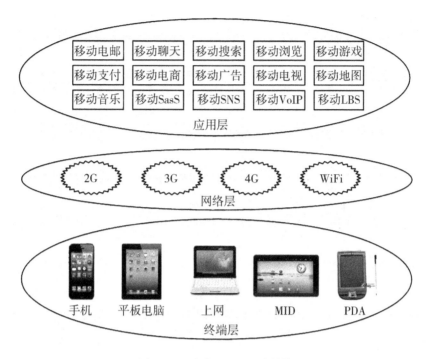

图 1-2　移动互联网层次结构

2007 年，iPhone 的问世在全球范围内掀起了移动互联网终端的智能化热潮，从根本上改变了终端作为移动互联网末梢的传统定位，移动互联网终端成为互联网业务的关键入口和主要创新平台，新型媒体、电子商务和信息服务平台，互联网资源、移动网络资源与环境交互资源的最重要枢纽，其操作系统和处理器芯片甚至成为当今整个 ICT 产业的战略制高点。

移动互联网终端引发的颠覆性变革揭开了移动互联网产业发展的序幕，开启了一个新的技术产业周期。随着移动互联网终端的持续发展，其影响力堪比收音机、电视机和个人计算机，成为人类历史上第四个应用广泛、普及迅速、影响深远、渗透到人类社会生活方方面面的终端产品。

2. 网络层

这里网络层是指融合多种技术的新型宽带无线通信网络。作为移动互联网的神经中枢和大脑，它解决了网络系统应用中的便携性、个性化、多媒体业务、综合服务等问题，使用户能够随时随地按需接入互联网，访问各种应用。当前，主要的无线网络包括 2G、3G、4G 和 WiFi 网络。

3. 应用层

应用层是移动互联网的终点和归宿，它直接与应用程序通过接口建立联系，并为用户提供常见的移动互联网应用业务。

二、 移动互联网的业务

1. 移动互联网业务类型

移动互联网业务创新的关键是如何将移动通信的网络能力和互联网的应用能力进行聚合,从而生成适合移动终端的互联网业务。图1-3展示了移动互联网产业所涉及的业务类型。随着技术与市场的变化,每一业务类型都可能衍生出更多可能性。移动互联网的各个业务分支,都形成了庞大的上下游企业群落,在激烈的竞争中蓬勃发展着。

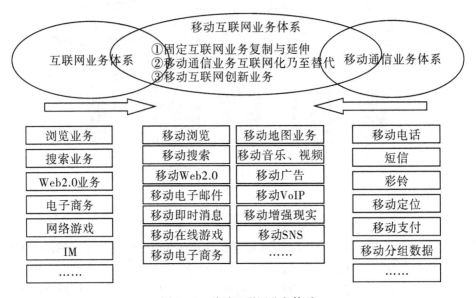

图1-3 移动互联网业务体系

移动互联网业务大致可分为三类:

(1)固定互联网的业务向移动终端的复制,以实现移动互联网与固定互联网相似的业务体验,这是移动互联网业务的基础,如网络浏览、搜索引擎、SNS、电子邮件、电子商务、网络游戏、即时通信、SaaS(software as a service,软件即服务)等。

(2)移动通信业务的互联网化,如移动通话、彩信、彩铃、移动导航、移动定位(LBS, location based service)等。

(3)移动通信与互联网联网功能相结合运行的、有别于固定互联网的创新业务,这是移动互联网业务的发展方向,如移动电子邮件、移动聊天(即时通信)、移动搜索、移动浏览、移动在线游戏、移动支付、移动电子商务、移动广告、移动电视、移动地图、移动音乐、移动视频、移动SasS、移动SNS、移动VoIP、移动LBS等。

2. 移动互联网业务使用情况

图1-4显示的是2013年移动互联网用户使用各种业务的情况统计。

3. 移动互联网的业务特点

移动互联网业务呈现出信息化、娱乐化、商务化和行业化等方面的显著特点。

(1)信息化。随着通信技术的发展,信息类业务也逐渐从通过传统的文字表达的阶段向通过图片、视频和音乐等多种方式表达的阶段过渡。除了传统的网页浏览之外,还有

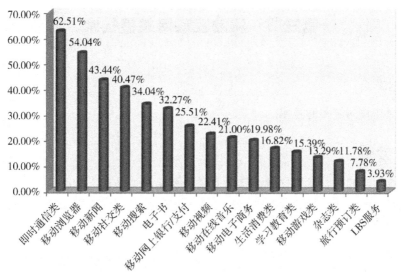

图 1-4　移动互联网用户经常使用的业务情况

Push 形式(推送信息)来传送的移动广告和新闻等业务。现在，人们对手机终端传送信息的方式依赖越来越严重，手机被称之为第五媒体。

（2）娱乐化。移动音乐、移动视频、移动网络游戏、移动及时消息、移动 SNS 等，各种手机在线娱乐方式充斥在我们的碎片时间中，手机俨然成为我们不可或缺的最重要的娱乐终端。

（3）商务化。为了工作及商务需求，我们可不再完全依靠电脑和固定互联网，只需要一个可以通过无线方式连接网络的智能终端就可以了。使用智能终端，我们可以进行移动收发电子邮件、移动支付、移动炒股；可以用手机当信用卡、门禁卡、会员卡、各类电子票和门票等。

（4）行业化。近年来，移动互联网在银行、航空、物流、交通、税务、金融、海关、电力和石油等行业得到了日益广泛的应用，有效提高了这些行业的信息化水平。

（5）网络接入技术多元化。移动互联网是通信、互联网、媒体和娱乐等产业融合的汇聚点，各种宽带无线通信、移动通信和互联网技术都在移动互联网中得到了很好的应用。目前接入移动互联网的技术有 2G/3G/4G、无线局域网（WiFi 为代表）、无线城域网（WiMAX）等，不同的接入技术适用于不同的场所。从长远来看，移动互联网的实现技术多元化是一个重要趋势。

 材料阅读

移动智能终端和互联网的融合才是真正的移动互联网。在这一阶段，一个重大变革是通道和应用实现了分离，从而导致在应用层面，业务和平台从封闭走向了开放，花园的围墙被推倒，移动网络和互联网之间不存在隔阂，世界变平了！苹果 iPhone 的出现颠覆了人们对于移动电话的理解，它不仅重新定义了手机，而且在一定程度上也重新定义了移动互联网。作为苹果的竞争者，谷歌则打造了开源 Android 操作系统。该系统把整个通信产业的模式互联网化，对整个移动互联网产业形成全面冲击并产生了深远的影响。

第三节　移动互联网关键技术

 任务描述

了解移动互联网的关键技术。

 任务分析

作为空前广阔的融合发展领域，移动互联网涉及的关联技术和产业非常多。纵览移动互联网的发展历史和演进趋势，其关键技术主要包括：终端先进制造技术、终端硬件平台技术、终端软件平台技术、网络服务平台技术、应用服务平台技术和网络安全控制技术，如图 1-5 所示。

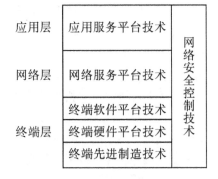

图 1-5　移动互联网关键技术

一、 先进的终端制造技术

先进的终端制造技术是指集机械工程技术、电子技术、自动化技术、信息技术于一体所形成的技术、设备和系统的总称，主要包括设备成组、敏捷制造、并行工程、快速成型、虚拟制造和智能制造等技术。

设备成组技术是指揭示和利用设备间的相似性，按照一定的准则分类成组，同类设备采用同一方法进行处理，以便提高效益的技术。

敏捷制造技术是指制造商实现敏捷生产经营的一种制造哲理和生产模式。

并行工程技术是对产品及相关过程（包括制造过程和支持过程）进行并行、一体化设计的一种系统化技术。

快速成型技术是集 CAD(computer aided design)/CAM(computer aided manufacturing，计算机辅助制造)技术、激光加工技术、数控技术和新材料等技术领域的最新成果于一体的零件原型制造技术。

虚拟制造技术是指以计算机支持的建模、仿真技术为前提，对设计、加工、制造、装配等全过程进行统一建模，在产品设计阶段，实时并行模拟出产品未来制造全过程及其对产品设计的影响，预测出产品性能、产品制造技术、产品可制造性与可装配性，从而更有效、更经济地灵活组织生产，使工厂和车间的设计布局更合理、有效，以达到产品开发周期和成本最小化、产品设计质量最优化、生产效率最高化的技术。

智能制造技术是制造技术、自动化技术、系统工程与人工智能等学科互相渗透、互相交织而形成的一项综合性技术。

二、 终端硬件平台技术

终端硬件平台技术是由许多不同功能模块化的部件组合而成，并在软件配合下完成输入、处理、存储和输出等操作的技术与设备统称，包括处理器芯片技术和人机交互技术等。

1. 处理器芯片技术

处理器芯片是移动互联网终端的运输核心和控制核心，功能手机芯片是由基带芯片、射频芯片、电源管理芯片和存储芯片构成的。其中，基带芯片负责信息的处理；射频芯片负责信息的接收和发送；电源管理芯片负责供电和节电，通常与基带同设；存储芯片负责数据的存储和访问。智能手机引入了大量应用，从而促生应用处理器（application processor，AP）芯片，以支持操作系统、应用软件以及音频、视频、图像等功能的实现，与基带芯片一起构成智能手机的 CPU。

2. 人机交互技术

人机交互是指通过计算机输入、输出设备，以有效方式实现人与计算机对话的技术，主要包括现代显示技术、多点触控技术、语音识别技术、体感交互技术和虚拟现实技术等。

现代显示技术是指利用电子科技提供变换灵活的视觉信息的新型技术，通常包括 STN（super twisted nematic，超扭曲向列型）显示技术、TFT（thin film transistor，薄膜场效应晶体管）显示技术、TFD（thin film fransistor，薄膜二极管半透式）显示技术、UFB（ultra fine bright，超精高亮）显示技术、OLED（organic light emitting diode，有机发光二极管）显示技术、IPS（in‑plane switching，平面转换）显示技术、视网膜显示技术、裸眼 3D 显示技术、电子纸和电子墨水等。

多点触控技术是指采用人机交互技术与硬件设备共同实现的技术，能在没有传统输入设备（如鼠标、键盘等）的情况下进行计算机的人机交互操作，现在推出的移动互联网终端大多采用了此项技术。

语音识别技术是指让机器通过识别和理解语音信号并将其转变为相应文本或命令的新型技术。Siri 就是语音识别技术的典型代表，它通过人工智能和云计算技术实现高度智能化的人机交互，支持用户通过语音实现与移动终端进行互动，成为继键盘输入、触屏输入之后的第三代革命性技术。

体感交互技术通过连接到游戏主机上的机器，使用传感器来接收玩家的动作或语音信息，从而完成游戏场景的转换，它突破了传统意义上的游戏模式，让玩家可以丢掉手中的游戏控制手柄而自由发挥。

虚拟现实技术是指利用移动互联网模拟产生一个三维空间的虚拟世界，为使用者提供关于视觉、听觉、触觉等感官的模拟，让使用者如同身临其境一般，可以及时地、没有限制地观察三维空间内的事物。

三、 终端软件平台技术

终端软件平台技术是指通过用户与硬件之间的接口界面与移动互联网终端进行交流的技术统称。目前，主流的移动终端软件平台技术包括三个层次：操作系统、中间件和应用程序(应用商店)，如图1-6所示。

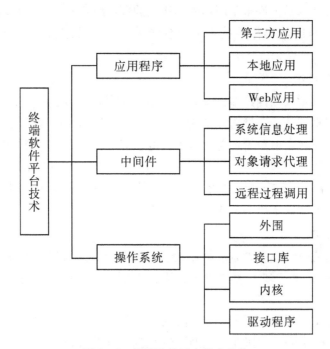

图1-6 终端软件平台技术架构

操作系统是管理移动互联网终端硬件与软件资源，并为用户提供操作界面的系统软件集合，它是移动互联网的内核与基石，通常由驱动程序、内核、接口库和外围构成。驱动程序是最低层的、直接控制和监视各类硬件的部分，其职责是隐藏硬件的具体细节，并向其他部分提供一个抽象的、通用的接口。内核是操作系统最关键部分，通常运行于最高权限级，负责提供基础性、结构性功能。接口库是一系列特殊的程序库，负责把系统所提供的基本服务包装成应用程序所能够使用的应用编程接口(application programming interface，API)，是最靠近应用程序的部分。外围是指操作系统中用于提供特定高级服务的部件。

中间件是一种独立的系统软件或服务程序，能够实现在不同技术之间共享资源。中间件位于移动互联网的操作系统之上，用于管理计算机资源和进行网络通信，是连接两个独立应用程序或独立系统的软件。中间件包括远程过程调用、对象请求代理和系统信息处理等模块。远程过程调用是指移动互联网向服务器发送关于运行某程序的请求时所需的标准。对象请求代理为用户提供与其他分布式网络环境中对象通信的接口。系统信息处理模块提供不同形式的通信服务，包括同步、排队、订阅发布、广播等。

应用程序(应用商店)是指为了完成某项或某几项特定任务而被开发运行于操作系统之

上的计算机程序，包括 Web 应用、本地应用和第三方应用。Web 应用是指浏览器/服务器应用程序，一般借助浏览器来运行。本地应用是指移动互联网终端自身提供的应用集合。第三方应用是针对某种软件或应用在功能上的不足，由非软件编制方的其他组织或个人开发的相关软件。

四、 网络服务平台技术

网络服务平台技术是指将两台或多台移动互联网终端设备连接入互联网的计算机信息技术的统称，通常包括 2G、3G、4G、WiFi、蓝牙等。

1. 移动通信的发展

移动通信的发展如图 1-7 所示，第一代移动通信系统(1G)从 20 世纪 80 年代初开始，是模拟系统，提供语音业务；第二代移动通信系统(2G)从 20 世纪 90 年代开始，是数字式，主要还是提供语音业务，辅以低速率数据业务，后来为了适应数据业务发展的需要，引入了以分组数据业务为标志的第 2.5 代移动通信系统(2.5G)；在此基础上，移动通信网络逐渐升级过渡到业务范围更广、数据速率更高的第三代移动通信系统(3G)；现在全球各地运营商正在大规模建设的是更先进、更高数据速率的第四代移动通信系统(4G)；第五代移动通信系统(5G)也正处于研发之中。移动通信的发展和网络建设是一个不断向前、永不间断的过程。

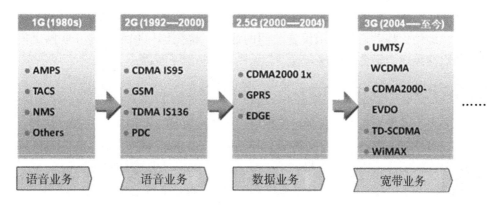

图 1-7　移动通信的发展历程

2. WiFi 技术

WiFi 是基于 IP 的无线网络技术，能够提供较高带宽的无线数据传输，如图 1-8 所示。

WiFi 技术的单个 AP(接入点)覆盖范围较小，主要用于对于热点区域的数据传输，其在大范围内的城域覆盖中存在难以逾越的限制：

(1)WiFi 的干扰。WiFi 采用开放频谱资源，其必然收到来自同样工作在开放频率下的其他设备的干扰(如蓝牙、微波炉等)以及 WiFi 设备自身的干扰。

(2)WiFi 的覆盖范围。WiFi 受传输距离的限制，单个 WiFi 接入点的覆盖范围较小，难以覆盖整个城市。

(3)WiFi 对移动性的支持。WiFi 由于单个接入点的覆盖范围有限，因此难以支持高速

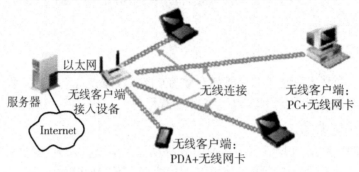

图 1-8　WiFi 网络

移动下的应用，因此在地铁、公交系统将会形成网络盲区，无法实现真正的无线城市。

3. 蓝牙

蓝牙是一种支持设备短距离通信（一般 10m 内）的无线电技术，能在包括移动电话、PDA、无线耳机、笔记本电脑、相关外设等众多设备之间进行无线信息交换。利用蓝牙技术，能够有效地简化移动通信终端设备之间的通信，也能够简化设备与互联网之间的通信，从而使数据传输变得更加迅速高效，为无线通信拓宽了道路。

五、应用服务平台技术

应用服务平台技术是指通过各种协议把应用提供给移动互联网终端的技术统称，主要包括云计算、HTML5、Widge、近场通信（near field communication，NFC）、LBS（location based service，基于位置的服务）和 CSS（cascading style sheet，层叠样式表）等。

1. 云计算

云计算是指服务的交付和使用模式，即通过网络以按需、易扩展的方式获得所需的服务。这种服务可以是与 IT、软件和互联网相关的，也可以是其他任意服务。云计算是一种基于互联网的计算方式，通过它可实现共享软硬件资源和信息，并按需将这些资源和信息提供给其他计算机及设备，包括互联网上的应用服务及在数据中心提供这些服务的软硬件设施。

2. HTML5

HTML5 是超文本标记语言的最新版本。HTML5 有两大特点：首先，它强化了 Web 网页的表现性能；其次，它增加了本地数据库等 Web 应用的功能。

3. Widge（微件）

Widge（微件）是一小块可以在任意基于 HTML 的 Web 页面上执行的代码，它的表现形式可能是视频、地图、新闻、小游戏等，其基本思想来源于代码复用。通常情况下，

Widge的代码形式包含了 DHTML（动态超文本标记语言）、JavaScript 以及 Adobe Flash。

4. 近场通信（near field communication，NFC）

NFC 是一种短距离的高频无线通信技术，允许电子设备之间进行非接触式点对点数据传输，在 20cm 范围内交换数据。它是由非接触射频式射频识别（radio frequency identification，RFID）演变而来，并向下兼容 RFID，最早由飞利浦和索尼开发成功，主要用于手机等手持设备中。

5. LBS（location based service，基于位置的服务）

LBS，又称位置服务或定位服务，是将无线网络、全球定位系统和地理信息系统结合起来提供的一种增值业务。通过移动定位技术获得移动终端的位置信息，提供给移动用户，并实现各种与位置相关的业务。LBS 的关键技术包括无线网络通信、移动定位和GIS 等。

6. CSS（cascading style sheet，层叠样式表）

CSS 是一种用来表现 HTML 或 XML（extensible markup language，可扩展标记语言）等文件式样的计算机语言。CSS 是一种能够真正做到网页表现与内容分离的样式设计语言。与传统 HTML 相比，CSS 能够对网页中的对象位置排版进行像素级的精确控制，支持几乎所有的字体字号样式，并能进行初步交互设计，是目前最优秀的基于文本展示表现设计语言。

六、 网络安全控制技术

网络安全控制技术是指利用网络管理控制措施，确保移动互联网络环境中数据保密性、完整性和可用性的技术统称，一般包括终端基础设施安全技术、网络基础设施安全技术、应用基础设施安全技术、端到端安全保障技术和安全测评认证技术。

终端基础设施安全技术是用于确保移动互联网终端安全的技术统称，包括恶意软件研判技术、网络行为监测技术、移动终端病毒查杀技术。恶意软件研判技术通过对疑似样本及行为进行采集，与恶意软件样本库中的相应项进行比对，以确定移动互联网终端是否存在恶意软件。网络行为监测技术通过对移动互联网终端的数据样本和行为特征进行分析，确定是否存在恶意攻击和木马入侵问题。移动终端病毒查杀技术是指采用云杀毒软件或在线病毒查杀系统，来清除移动互联网终端中已存在的病毒。

网络基础设施安全技术又分为 2G 网络安全技术、3G 网络安全技术、4G 网络安全技术和 WLAN 安全技术，重点解决隐私保护、身份认证、入侵检测、攻击预防、空中窃听、流量盗用等实际问题。

应用础设施安全技术可分解为云计算安全技术和不良信息监测技术。云计算的出现使得传统的网络边界不复存在，信息的所有权与管理权分离，信息资产的非授权访问成为云计算系统的重要安全问题，云计算安全技术重点解决数据安全、隐私保护、虚拟化运行环境安全、动态云安全服务等问题。不良信息监测技术重点解决检测算法准确率不高、处理及审核流程不同、网站通过代理逃避封堵等问题。

端到端安全保障技术旨在防止数据泄漏，保护敏感数据，保障移动互联网端到端数据传输安全，主要通过对网络链路中的数据内容进行检测、对存储和通路进行物理隔离、对电子文件进行加密、对接入网络的用户和业务进行统一签权等措施来实现。

安全测评认证技术旨在开发先进的移动互联网安全测评工具和技术，采用先进的认证手段，形成功能强大的安全服务支撑平台。

 材料阅读

2015 年，或将诞生更多的以智能硬件切入、软硬结合的移动互联网创业者。"软硬结合"作为互联网未来的发展趋势，是指"互联网化"的智能内核、人性化设计的"外壳"硬件、满足个性化需求的服务三者的结合体。移动互联网时代的"软硬结合"趋势，将对许多传统行业带来颠覆性的冲击，当然，对创业公司来说则意味着巨大的市场机遇。但软硬结合这个玩法对创业者的资金、技术、创业背景等方面的要求将更大，这个市场将不是一般的创业者所能玩得转的，只有资金实力雄厚或具有风投背景的创业者才能扛起大旗。

第四节　移动互联网的发展

任务描述

了解移动互联网的发展历程、产业格局和未来发展趋势。

 任务分析

首先了解移动互联网产业格局的三大阵营苹果（Apple）、谷歌（Google）和微软（Microsoft）及各自特点，以及它们未来发展的趋势。

一、移动互联网的发展变迁

1. 持续增长的移动互联网

2010 至 2012 年，全球经历了从互联时代向移动互联时代的变迁。在这两年中，移动设备（包括智能手机和平板电脑）的出货量从 3.5 亿部攀升到 10 亿部；而同期传统 PC（包括台式机和笔记本电脑）的出货量仅仅从 3.5 亿部增长到 3.53 亿部。移动设备已经全面超越个人电脑，成为不可或缺的关键设备。IDC 数据显示，移动互联设备已经取代个人电脑，成为网民上网的主要入口。这一现象在亚太地区显得尤为突出，如图 1－9 所示。

据研究机构 Chetan Sharma Consulting 发布的报告，2012 年全球移动行业市场规模达到 1.5 万亿美元，接近全球 GDP 的 2%。而业界普遍预测，移动互联网未来创造的产值将超过传统互联网 10 倍以上，是最有可能成为规模最大、发展速度最快的新兴产业。

2. 移动互联网用户规模

图 1－10 显示的是 2005—2012 年我国手机用户和移动互联网用户的规模统计。据工信部最近的数据统计：2014 年，我国移动互联网用户数量较 2013 年增加了 7000 万，达 8.75 亿户，手机网民占移动互联网民总数超 80%，手机和移动设备成为互联网的第一入口。

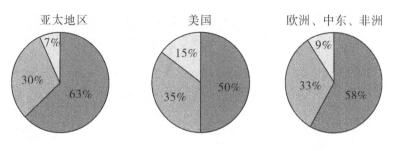

亚太地区　　　　美国　　　欧洲、中东、非洲

■智能手机 ■电脑 ■平板　　　数据来源：IDC，2012年第二季度

图1-9　全球接入网络设备占比情况

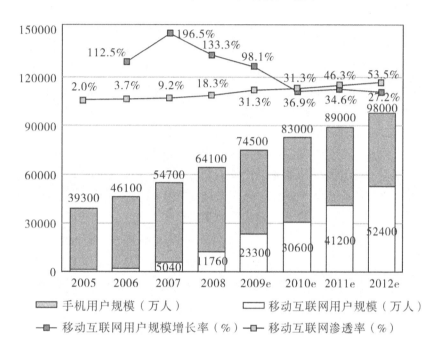

图1-10　2005—2012年中国手机用户和移动互联网用户规模

3. 移动互联网商业模式不断变化和发展

移动互联不仅仅是将之前互联网上的内容转移到手机、平板电脑等移动终端，移动终端的便携性和实时连线的特性赋予了人们无限创新的可能，新的商业模式不断涌现。在各细分行业中，移动互联有可能颠覆和重构过去的商业模式，也有可能取代或延伸之前的商务模式。虽然未来的变化难以预测，但可以肯定的是，人们的生活方式将被移动互联彻底改变，这种改变堪比在过去二十年中互联网对人们生活方式的改变。

二、 移动互联网的产业格局

当前，发达国家的移动互联网产业已处于爆发性阶段。数据表明：2014年第一季度，全球智能手机出货量达到2.67亿部。从总体上看，全球大的格局仍处于变化之中，但初步形成了三大阵营：苹果(Apple)、谷歌(Google)和微软(Microsoft)。由于终端软

件平台是移动互联网发展和竞争的关键要素，因而终端软件平台几乎成为划分全球格局的标准。三大阵营各有千秋，移动互联网市场竞争进入白热化阶段。

1. 苹果阵营

终端设备制造商苹果构建了一种相对封闭的生态系统。在应用方面，苹果基于 iOS 操作系统平台推出应用商店，引来无数 IT 厂商竞相效仿。苹果对应用下载渠道、应用测试认证、开发 SDK 和开发者审核 4 个关键环节实施了严格控制，从而确保它成为应用生态体系的绝对领导者。苹果应用的巨大成功，首先归因于苹果终端的热销，无论 iPhone 还是 iPad，设备类型相对单一，且具有良好的继承性和兼容性。苹果应用商店中的各项应用不仅适合于各种版本的 iPhone，而且还可拓展到 iPad 和未来的融合终端，这种单纯性极大提升了苹果应用开发效率和消费者购买的含金量，开发者与消费者都能从中受益。同时，苹果的利润并不仅仅局限于应用，它在应用程序运营过程中只收取极低的分成，以鼓舞开发者的热情。目前，苹果这种清晰、成熟、具有良好延续效应的应用商店模式仍然未被超越。

在硬件生产方面，苹果依然比较封闭。Macbook、iPhone、iPad、iTunes 等终端设备制造均由苹果发起，在硬件领域选择亲密合作伙伴共同推进，合作伙伴从苹果终端巨大的销量中获得收益，而其他任何终端制造商无法使用其软硬件解决方案。这种方式对于苹果这种终端单一的移动智能设备制造商来说比较有利。在研发初期，通过软硬件合作，使得苹果产品在硬件能力和终端形态上始终引领着全球高端移动互联网设备的走向，虽然售价一直保持较高，但是销售热度不减，从而为苹果带来巨大利润。苹果阵营的主要合作伙伴包括 LG、ARM、富士康、台积电、AT&T、Verizon、T‑Mobile、Vodafone、中国联通等。

2. 谷歌阵营

在应用方面，谷歌为实现移动互联网时代的信息服务巨头梦，以免费、开放、开源的 Android 平台为支点，将电子邮件、即时通信、位置服务、视频服务嵌入到软件核心系统中。开发者在 Android 平台上开发应用时，将直接调用谷歌服务。通过网络业务运营和用户行为搜集，谷歌成为移动互联网的数据集大成者。在此基础上，谷歌着力拓展业务范围，享受移动广告收益。在硬件合作方面，通过开放 Android 源代码，谷歌支持所有硬件厂商在 Android 平台上自行开发应用程序，最大限度地发挥了硬件厂商与终端厂商的主动性，从而打破了个人计算机及手机软硬件合作的传统模式。

与苹果相对封闭的生态系统相比，谷歌生态系统对信息产业的影响更为深远。可以说，谷歌模式是真正意义上的移动互联网模式，它从根本上改变了移动终端硬件适配/解决方案、移动终端操作系统、移动互联网服务，甚至终端应用软件、移动话音、数据等移动通信产业收费环节的发展模式。谷歌正在通过 Android 操作系统把整个移动通信产业的模式互联网化，必将为整个信息通信业带来全面冲击和深远影响。谷歌阵营的成员包括英特尔、三星、摩托罗拉、松下、夏普、东芝、联想、HTC、LG、ARM、华为、索尼等公司。

2011 年 8 月 15 日，谷歌收购摩托罗拉。谷歌收购摩托罗拉的真实目的是获取摩托罗拉的专利，建立自己的智能手机业务，自主设计硬件和软件合并销售，以在智能手机和平板电脑的开发上追赶苹果。谷歌有相当宏大的 Android 计划，就是加快推进"随时随地为每个人提供信息"这一企业目标的实现，让移动通信不依赖于设备或平台。

3. 微软阵营

2011 年 2 月 11 日，诺基亚在英国伦敦与微软达成战略合作关系，双方将依靠各自的优势为移动领域构建一个新的生态系统。诺基亚与微软合作，目的很明确，利用硬件优势成为互联网内容服务提供商，它将 Windows Phone 作为智能手机的主要操作系统，并参与该系统的开发。目前，Windows Phone 的合作伙伴包括诺基亚、HTC、三星、宏碁、富士通、戴尔、中兴等。

诺基亚和微软的合作模式是希望通过双方优势领域的互补，打造出第三个生态系统，但如何构建产业链并使各方受益目前并不明朗。

另外，为应对移动终端和移动互联网服务商对传统电信增值业务市场的冲击，电信运营商也纷纷走向了转型之路。2010 年 2 月 15 日，全球 24 家运营商发起成立了应用批发联盟(wholesale application community，WAC)。WAC 的宗旨是：制定统一的终端应用接口标准，并在此基础上构建跨终端平台、跨网络的应用生态系统。同时，WAC 成立了一个实体，负责建设和维护统一的开发者社区和应用仓库，对所有第三方开发者开发的 WAC 标准应用进行运营管理，WAC 各成员的应用商店都可从 WAC 应用仓库中批发获取应用向用户销售，这是电信运营商联合起来大规模介入应用运作的一种尝试。2010 年 7 月 27 日，WAC 和 JIL(joint innovation lab，联合创新实验室)宣布合并。一个是应用的销售通道，一个是应用的开发标准，它们对于开发者来说都极为重要。而两个联盟在此时合并，被认为是运营商已经开始集中火力，欲抢占被苹果和谷歌所占据的地盘。

三、 移动互联网的未来

在移动互联网时代，网络正以人为核心进行彻底重构，这种转变源于技术变革、移动智能终端设备的普及，但从根本上是为了适应、满足人的社交本性和实际需求。移动互联网的发展有如下特点：

一是终端灵活化。有线互联网(又称 PC 互联网、桌面互联网、传统互联网)是互联网的早期形态，移动互联网(无线互联网)是互联网的未来。PC 机只是互联网的终端之一，智能手机、平板电脑、电子阅读器(电纸书)已经成为重要终端，电视机、车载设备正在成为终端，冰箱、微波炉、抽油烟机、照相机，甚至眼镜、手表等穿戴之物，都可能成为泛终端。

二是模式多样化。移动互联网和传统行业融合，催生新的应用模式。在移动互联网、云计算、物联网等新技术的推动下，传统行业与互联网的融合正在呈现出新的特点，平台和模式都发生了改变。一方面它可以作为业务推广的一种手段，如食品、餐饮、娱乐、航空、汽车、金融、家电等传统行业的 APP 和企业推广平台；另一方面它也重构了移动端的业务模式，如医疗、教育、旅游、交通、传媒等领域的业务改造。随着 HTML5 技术、云计算技术的发展和成熟，高效率、跨平台的移动 Web 运行环境未来很可能会取代操作系统而成为移动互联网新的竞争制高点。大量基于 Web 运行环境的高质量 Web 应用将绕开应用商店，以在线或本地方式向用户提供服务。

三是平台互通化。目前形成的 iOS、Android、Windows Phone 三大系统各自独立，相对封闭、割裂，应用服务开发者需要进行多个平台的适配开发，这种适配开发有违互联网互通互联之精神。不同品牌的智能手机，甚至不同品牌、类型的移动终端都能互联互通，是用户的期待，也是发展趋势。随着 HTML5 技术的发展，Web 能力将得到极大扩展，富媒体、图形高级处理、终端访问能力、高性能 JavaScript 运行环境、3D 渲染硬件加速、数据本地存储、数据本地查询等技术的引入将把 Web 打造成为全功能、高效率、跨终端的统一应用层平台。

四是数据应用化。大数据的挖掘成为趋势，精准营销潜力凸显。随着移动带宽技术的迅速提升，更多的传感设备、移动终端随时随地地接入网络，加之云计算、物联网等技术的带动，中国移动互联网也逐渐步入"大数据"时代。目前的移动互联网领域，仍然是以位置的精准营销为主，但未来随着大数据相关技术的发展，人们对数据挖掘的不断深入，针对用户个性化定制的应用服务和营销方式将成为发展趋势，也将是移动互联网的另一片蓝海。

 材料阅读

APP 和 Web 竞争态势逐渐明朗

HTML5 的爆发或将促使 Native APP 与 Web APP 的竞争态势逐渐明朗。自 Web APP 兴起，二者的争论从未停息过，尽管很多人在批判 Web APP 的各种不是，但也阻止不了各种各样的 Web APP 如雨后春笋般出现，尤其是伴随智能手机的普及而受到重视的 Mobile Web APP。此前，Web 的尴尬在于，HTML5 是一个尚待完善的标准，Web APP 真正取代客户端 APP 可能还需要很长一段时间。随着以传统 APP 为核心的应用商店模式遭遇瓶颈，搭载"轻应用"的浏览器、微信等超级 APP 将与应用商店模式形成互补，成为移动互联网生态的另一个核心。此前，CNNIC 分析认为，虽然网页应用与其他功能相比用户比例并不算高，但作为手机浏览器的新功能且在市场投入相对较低的情况下，已经具备一定用户基础，显现出较大的用户潜力。一个典型例子是，UC 网页应用中心是国内首个移动 Web APP 应用商店，目前已成长为全球用户量最大的移动 Web APP 应用商店。UC 网页应用中心的月活跃用户已超过 5000 万，Web APP 累积添加次数已超过 2 亿次，收录 20 大类超过 2000 款 Web APP，国内超过 90% 的应用开发者都会通过 UC 网页应用中心推广他们的 Web APP。

◀◀ ‖ 复习思考题 ‖ ▶

1. 移动互联网是什么？全球最早开展的移动互联网业务是什么？
2. 什么事件标志着真正移动互联网时代到来？
3. 移动互联网分为哪三个层次？每一层的主要功能是什么？
4. 移动互联网业务可分为哪三类？
5. 移动互联网的关键技术有哪些？
6. 当前移动互联网的产业格局可分为哪三大阵营？每一阵营的成员有哪些公司？

第二章 智能手机及操作系统

学习完本章之后，你将能够：

- 了解智能手机的概念；
- 了解智能手机的发展历史；
- 掌握智能手机的硬件组成；
- 了解主流智能手机的操作系统。

第一节 智能手机

任务描述

了解智能手机的概念；智能手机与功能手机的基本区别；智能手机的特点。

任务分析

用户通过智能手机访问移动互联网，所以智能手机的功能影响着移动互联网的发展。

一、 智能手机的概念

智能手机（又称作智慧型手机、智能型电话，英语：Smartphone）是对于那些运算能力及功能比传统功能手机更强的手机的集合性称谓。智能手机使用的主流操作系统有：Android、iOS、Black-Berry OS、Windows Mobile、Windows Phone、bada OS、Symbian OS。不同操作系统之间的应用软件互不兼容。智能手机因为可以像个人电脑一样安装第三方软件，所以它们功能丰富，而且这些功能可以不断扩充，如图 2－1。

图 2－1 智能手机

在行业内，所谓的"智能手机"就是一台可以随意安装和卸载应用软件的手机（就像电脑那样）。"功能手机"是不能随意安装卸载软件的，JAVA 的出现使后来的"功能手机"具备了安装 JAVA 应用程序的功能，但是 JAVA 程序的操作友好性，运行效率及对系统资源的操作都比"智能手机"差很多。

智能手机采用的是开放式的操作系统，可装载相应的程序来实现相应的功能，为软件运行和内容服务提供了广阔的舞台，很多增值业务可以就此展开，如：股票、新闻、天气、交通、商品、应用程序下载、音乐图片下载等等。同时结合 3G 通信网络的支持，智能手机的发展趋势，势必将成为一个功能强大，集通话、短信、网络接入、影视娱乐为一体的综合性个人手持终端设备。

二、 智能手机特点

（1）具备普通手机的全部功能，能够进行正常的通话、发短信等手机应用；

（2）具备无线接入互联网的能力，即需要支持 GSM 网络下的 GPRS 或者 CDMA 网络下的 CDMA 1X 或者 3G 网络；

（3）具备 PDA 的功能，包括 PIM（个人信息管理），日程记事，任务安排，多媒体应用，浏览网页；

（4）具备一个具有开放性的操作系统平台，可以安装更多的应用程序，从而使智能手机的功能可以得到无限的扩充；

（5）具有人性化的一面，可以根据个人需要扩展机器的功能；

（6）功能强大，扩展性能强，第三方软件支持多。

三、 iPhone 苹果手机

1. iPhone 6 手机

北京时间 2014 年 9 月 10 日凌晨 1 点，苹果公司正式发布其新一代产品 iPhone 6，这是苹果历史上发布最大的手机。iPhone 6 屏幕尺寸设计分为 4.7 和 5.5（iPhone 6 plus）英寸两个版本。

由于机身变大，为了照顾用户的操作体验，苹果将 iPhone 6 的电源键从机身顶部挪到了手机的右侧。不过机身的厚度不增反降，iPhone 6 的机身厚度只有 6.9 毫米，这也使得它成为迄今为止机身厚度最薄的 iPhone 手机产品。

核心硬件方面，苹果在 iPhone 6 上使用了全新的 A8 处理器，苹果称这颗处理器是第二代的 64 位处理器，官方参数表明 A8 的处理速度将比之前 iPhone 5S 上使用的 A7 高出 25%。除此以外 A8 内还集成了一颗协处理器 M8，功能和之前的 M7 一样，专为测量来自加速感应器、陀螺仪和指南针的运动数据而设计，保证低电压的同时，完成传感器的运算动作。

苹果依旧在 iPhone 6 上使用 800 万像素的后置 iSight 摄像头和 130 万像素的前置摄像头组合，配合 f/2.2 的光圈以及双色温闪光灯。苹果表示他们继续优化了摄像头技术，对焦的速度是之前的两倍，并增强了人脸检测的准确度。一个值得关注的点是，由于此次 iPhone 6 的机身设计过薄，导致摄像头模块是凸出手机表面的。

最大的变化来自存储容量，iPhone 6 取消了 32GB 版，加入了 128GB 版。

新一代 iPhone 支持 NFC 功能，其中关于支付方面，用户可以将信用卡信息储存至手机内，而苹果不会知道你的支付金额以及其他信息，所有账户信息由一种代码来进行备份，从演示视频中能够看到支付方式很简洁。此项功能旨在替代老旧的、不安全的传统支付方式。

2. iPhone 6 Plus 手机

iPhone 6 Plus 是拥有 5.5 英寸屏幕的产品，它是目前苹果推出的最大的 iPhone 产品。iPhone 6 Plus 保持了和 iPhone 6 完全一致的外观，不同的是 iPhone 6 Plus 的机身厚度稍有增加，达到 7.1 毫米，屏幕分辨率达到 1920×1080 像素。更大的屏幕能让 iPhone 6 Plus 显示更多的内容，苹果此次在两款手机上都强化了横屏显示的功能。

摄像头方面，iPhone 6 Plus 加入了光学防抖功能，这是 iPhone 6 所不具备的。

iPhone 6 Plus 的电池也是迄今为止所有的 iPhone 产品中最大的，从数据看，iPhone 6 Plus 的连续音乐播放时间是 iPhone 5S 的两倍，纯待机将能达到 16 天，之前 iPhone 5S 只有 10 天。

NFC 终于出现在 iPhone 6 上，苹果为此推出了一个全新的服务——Apple Pay。这是一个近场支付的服务，通过 NFC、TouchID、Passbook 和被苹果称为"安全元素（secure element）"的东西组合，实现近场支付。

安全性方面，苹果表示 Apple Pay 并不会收集用户的安全信息，交易完全是在用户、银行以及收款方之间进行，每次支付的时候会有独立的动态验证码。同时如果使用者的手机丢失，用户能通过"Find My iPhone"来远程锁定 Apple Pay 功能。

3. iPhone 手机比较

iPhone 手机比较如表 2-1。

表 2-1　iPhone 手机比较

	iPhone 5	iPhone 5S	iPhone 6/iPhone 6 plus
硬件	操作系统：iOS6 ROM 容量：16/32/64GB	操作系统：iOS7 ROM 容量：16/32/64GB	操作系统：iOS8 ROM 容量：16/64/128GB
屏幕	主屏尺寸：4.0 英寸 主屏分辨率：1136×640 像素 屏幕像素密度：326ppi	主屏尺寸：4.0 英寸 主屏分辨率：1136×640 像素 屏幕像素密度：326ppi	主屏尺寸：4.7 英寸/5.5 英寸 主屏分辨率：1334×750 像素/ 1920×1080 像素 屏幕像素密度：326ppi
摄像头	摄像头类型：双摄像头（前后） 前 120 万像素，后 800 万像素	摄像头类型：双摄像头（前后） 前 120 万像素，后 800 万像素	摄像头类型：双摄像头（前后）前 130 万像素，后 800 万像素
外观	造型设计：直板机身 颜色：黑色，白色 机身接口：3.5mm 耳机接口	造型设计：直板机身 颜色：灰色，银色，金色 机身接口：3.5mm 耳机接口	造型设计：直板机身 颜色：黑色，银色，金色 机身接口：3.5mm 耳机接口
发布时间	2012.9.12	2013.9.11	2014.9.10

 **材料阅读**

智能手机的发展趋势

中国智能手机市场发展态势良好，各大手机操作系统之间的争夺将更加突出，并逐渐以联盟阵营的方式来推动智能手机的普及，许多新的智能手机将上市。这些智能手机将有许多吸引消费者的同样的功能，为移动行业带来迅速的技术进步和激烈的市场竞争。大多数智能手机将有以下 10 个重要的功能。

1. 4G LTE

4G LTE 是移动连接的未来已不是秘密。但是，厂商将使消费者认为 4G LTE 是现在就使用的技术。每一种主要智能手机，无论是现在上市的还是很快将推出的，都宣传提供 4G LTE 服务。没有 4G 功能，智能手机将落后。

2. 4 英寸或更大显示屏

有一段时间 3 英寸显示屏是移动市场中的标准。但是，HTC、LG 和三星等公司今年将推出新产品，这些厂商都要求竞争对手推出 4 英寸或者更大尺寸的显示屏。甚至苹果预计也将加大显示屏尺寸。

3. 最新的 OS 风格

厂商没有任何借口推出没有最新版本的操作系统的设备，特别是在 Android 市场。在 Android 市场，运行"冰淇淋三明治"操作系统的肯定是最优秀的。在 Windows Phone 7 领域，"芒果"是必备的。到目前为止，至少所有的厂商都认识到这个问题并且将提供具有最新的 OS(操作系统风格)的产品。

4. 取消物理键盘

虽然 RIM 是少数坚持使用物理键盘的厂商之一，但是，推出配置物理键盘的手机的想法现在对于许多消费者来说是没有吸引力的。因此，大多数手机厂商将放弃提供物理键盘的计划，选择触控屏，这是一个很好的举措。

5. 单个运营商的支持

有趣的是，苹果目前是在多家运营商网络上提供一种设备的少数厂商之一。苹果的 iPhone 4S 提供给 AT&T、Verizon 和 Sprint 等运营商的用户。然而，三星和摩托罗拉等主要竞争对手在一个运营商网络上提供许多型号的手机。

6. 更低廉的价格

当诺基亚推出售价 99.99 美元的 Lumia 900 手机的时候，许多业内观察人士感到意外。他们以为诺基亚这款手机的价格将是苹果 iPhone 4S 的 199 美元。然而，今年推出的其他引人瞩目的手机价格也都非常低。三星 Focus 2 售价只有 50 美元。在 CTIA(美国无线通信展)展会上，预计会出现许多低价格的引人瞩目的手机。这是一个有趣的转变。

7. 四核处理器

当三星在推出 Galaxy S Ⅲ 智能手机的时候，三星表示，这款手机将配置四核 Exynos 处理器。这是今年将推出的许多配置四核处理器的手机之一。去年是双核手机年，而今年将是四核手机年。

移动互联网技术应用基础

8. NFC 功能

虽然谷歌钱包提供移动支付功能，今年推出的每一个基于 Android 操作系统的设备都将具有远程支付功能。当无线运营商赞助的移动支付解决方案 Isis 今年晚些时候推出的时候，更多的设备将支持这项服务。甚至有人说苹果今年将为 iPhone 5 提供 NFC（近距离通讯）功能。NFC 是今年的一个热门功能。

9. 32GB 存储

有趣的是，今年推出的多数一流手机将配置 32GB 内置存储。例如，三星 Galaxy S Ⅲ 配置了 32GB 内置存储。苹果预计将放弃 16GB 选择并且开始提供 32GB 存储容量的 iPhone。存储的需求似乎正在增长。

10. 改善的照相机

随着数码相机功能增强，内置在智能手机中的数码相机也将日益强大。事实上，今年推出的手机将越来越多地采用高级功能，包括 800 万像素和改善的自动调焦镜头。这使许多人考虑使用自己的智能手机进行拍照。改善的照相机已成为目前智能手机中的一个关键组件。

第二节　智能手机的发展历史

任务描述

了解智能手机的起源与发展。

任务分析

移动互联网时代，智能手机极大地方便了人们接入互联网，并对人们的生活产生了颠覆性的影响。了解智能手机的诞生及其发展历史将更有利于把握智能手机产业的现在与未来。

智能手机，是掌上电脑（Pocket PC）演变而来的。最早的掌上电脑不具备手机的通话功能，但是随着用户对于掌上电脑的个人信息处理方面功能依赖的提升，但又不习惯于随时都携带手机和 PPC 两个设备，所以厂商将掌上电脑的系统移植到了手机中，于是才出现了智能手机这个概念。

世界第一款智能手机是美国 IBM 公司 1993 年推出的"IBM Simon"，它也是世界上第一款使用手写笔触摸屏的智能手机，除通话功能之外，还具备 PDA 及游戏功能，使用 ROM – DOS 操作系统。这款只在市场上存活了半年，只在美国销售出 5 万台，可是它为以后的智能手机处理器奠定了基础，有着里程碑的意义。如图 2-2。

图 2 - 2　Simon

图 2 - 3　Apple Newton

在以后的若干年里，IT 行业尝试推出过不同的智能手机。

1993 年 Apple Newton，具备手写识别，桌面同步，内置一些第三方软件，如图 2 - 3。

1996 年，Nokia 推出 Nokia 9000 Communicator，折叠式全键盘智能手机，使用 80386 芯片，具备 8MB 存储空间，可支持 33 小时待机时间，如图 2 - 4。

1997 年，HTC 成立。在掌上电脑和智能手机的发展史中，HTC 都扮演了极其重要的角色。

图 2 - 4　Nokia 9000

1997 年，加拿大 RIM 公司与爱立信合作无线电子邮件设备项目，在一个使用爱立信技术的称为 Mobitex 的网络中来帮助运输者跟踪库存，使得 RIM 能够在网络环境下测试其设备。

1998 年，在爱立信、诺基亚、摩托罗拉和 Psion 的共同下合作成立塞班公司。

1998 年，RIM 公司注册了黑莓商标(包括中国)。1999 年年中，RIM 开始提供黑草莓企业服务器，作为企业邮件无线化的网关。(2000 年年中，RIM 通过与运营商合作，在几年内迅速取得了欧美企业无线邮件市场的绝对领导地位。)

1999 年 Handspring Visor，Visor 是第一个由 Handspring 公司开发的 PDA，如图 2 - 5。Handspring 后来开发了 Treo 系列并与 Palm 公司合并。

2000 年，Ericsson 推出了首款塞班内核的智能手机 R380，可存储 99 条电话号码，待机 150 小时，重约 163 克，如图 2 - 6。

图 2 - 5　Visor

图 2 - 6　Ericsson R380

移动互联网技术应用基础

2007 年 Apple iPhone 正式面世，用革命性的产品打开了智能手机的时代。苹果公司用全新的技术、设计和商业模式彻底颠覆了市场规则，打破了 Nokia、RIM 两家的统治地位，如图 2 - 7。

2008 年 T - Mobile G1，第一个用 Android，GOOGLE 系操作系统的手机。

2010 年，iPhone4 推出。

2012 年，iPhone5 推出。

2012 年，NOKIA Lumia 920 推出。同时，三星 Galax S3 推出。

2013 年，HTC One 推出，三星 Galaxy S4 推出，Blackberry Z10 推出，Sony XPERIA Z 推出。

图 2 - 7　Apple iPhone

 材料阅读

乔布斯与苹果公司

史蒂夫·乔布斯（图 2 - 8，1955 年 2 月 24 日—2011 年 10 月 5 日），生于美国旧金山，是世界著名发明家、企业家、美国苹果公司联合创办人。1976 年 4 月 1 日乔布斯和朋友斯蒂夫·沃兹尼亚克和 Ron Wayn 成立苹果公司，1985 年在苹果高层权力斗争中离开苹果并成立了 NeXT 公司，1997 年回到苹果接任行政总裁。他陪伴了苹果公司数十年的起落与复兴，先后领导和推出了麦金塔什计算机、iMac、iPod、iPhone、iPad 等风靡全球亿万人的电子产品，深刻地改变了现代通讯、娱乐乃至生活的方式。2011 年 8 月 24 日他辞去苹果公司行政总裁职位，2011 年 10 月 5 日因胰腺癌逝世，享年 56 岁。乔布斯让苹果产品引领全球科技潮流，2012 年 8 月 21 日，苹果以市值 6235 亿美元成为世界市值第一的上市公司。乔布斯是改变世界的天才，被认为是计算机业界与娱乐业界的标志性人物，他凭敏锐的触觉和过人的智慧，勇于变革，不断创新，引领全球资讯科技和电子产品的潮

图 2 - 8　史蒂夫·乔布斯

流，把电脑和电子产品不断变得简约化、平民化，让曾经是昂贵稀罕的电子产品变为现代人生活的一部分。

苹果公司（Apple Inc. 图 2-9）是美国的一家高科技公司，2007 年由苹果电脑公司（Apple Computer, Inc. ）更名而来，核心业务为电子科技产品，总部位于加利福尼亚州的库比蒂诺，在高科技企业中以创新而闻名世界。苹果公司由史蒂夫·乔布斯、斯蒂夫·沃兹尼亚克和 Ron Wayn 在 1976 年 4 月 1 日创立，在高科技企业中以创新而闻名，知名的产品有 Apple II、Macintosh 电脑、Macbook 笔记本电脑、iPod 音乐播放器、iTunes 商店、iMac 一体机、iPhone 手机和 iPad 平板电脑等。2012 年 8

图 2-9　苹果公司

月 21 日，苹果成为世界市值第一的上市公司。苹果公司已连续三年成为全球市值最大公司，在 2012 年曾经创下 6235 亿美元记录，2013 年后企业市值缩水 24% 为 4779 亿美元，但仍然是全球市值最大的公司。

第三节　智能手机硬件组成

 任务描述

了解智能手机的重要硬件组成部分。

 任务分析

智能手机是通信技术、计算机技术和互联网技术三者融合发展的产物，了解智能手机的重要硬件组成部分，有利于用人们更好地认识与使用智能手机。

智能手机是通信技术、计算机技术和互联网技术三者融合发展的产物。无论是智能手机还是功能手机，其核心的硬件架构基本上是一样的，区别在于功能手机的硬件架构相对比较简单，侧重于语音通信功能，而智能手机则通过更优秀的用户体验，更强大的功能获得了更多的市场份额与优势，"智能手机"逐步会成为大多数人的选择。

从计算机技术的角度来看，一部智能手机包含的硬件结构和计算机相仿，手机也有 CPU、内存、输入输出设备等。随着平板电脑逐步取代桌面电脑成为主流，智能手机和平板电脑之间的界限也逐步模糊，智能手机的硬件架构与平板电脑终会趋同。

一部智能手机的主要硬件包括 CPU、内部存储器（RAM 和 ROM）、输入输出设备（触摸屏）等部件。

一、 CPU

中央处理器（central processing unit，CPU）是一台计算机的运算核心和控制核心。CPU、内部存储器和输入/输出设备是计算机的三大核心部件。其功能主要是解释计算机指令以及处理计算机软件中的数据。CPU 由运算器、控制器和寄存器及实现它们之间联系的数据、控制及状态的总线构成。CPU 的运作原理大概可分为四个阶段：提取（Fetch）、解码（Decode）、执行（Execute）和写回（Writeback）。CPU 从存储器或高速缓冲存储器中取出指令，放入指令寄存器，并对指令译码，最后执行指令。所谓计算机的可编程性主要是指对 CPU 的编程。

智能手机的 CPU，如同电脑 CPU 一样是最为重要的，CPU 是整台手机的控制中枢系统，也是逻辑部分的控制中心。CPU 通过运行存储器内的软件及调用存储器内的数据库，达到对手机整体监控的目的。

一般情况下手机的 CPU 芯片不是独立的，而是基带处理芯片的一个单元，也称被作 CPU 核。基带处理芯片是用来合成即将的发射的基带信号，或对接收到的基带信号进行解码。也就是：发射时，把音频信号编译成用来发射的基带码；接收时，把收到的基带码解译为音频信号。同时，也负责地址信息（手机号、网站地址）、文字信息（短讯文字、网站文字）、图片信息的编译。手机的核心是基带处理芯片，其中包含比较通用的 CPU 核单元、DSP 核单元、通信协议处理单元。在行动装置传输中，空中接口（air interface）是一种通过无线通讯，以连结移动电话终端用户与基地台，表示基站和移动电话之间的无线传输规范。空中接口要求的通信功能由通信协议处理单元和手机协议软件一起完成。

单核 CPU 和双核 CPU。大部分手机是单 CPU，也就是只有基带处理芯片中的 CPU 核。通信协议、用户接口都要在这个 CPU 核上运行。不过 DSP 核会分担一些计算量比较复杂的程序算法，例如语音编译码、安全层的各种算法、应用软件的业务逻辑算法等。随着手机的发展，摄像头、蓝牙、MP3、MP4 这些功能可以依靠硬件来实现，相对来说给 CPU 的压力不是很大，但嵌入式浏览器、虚拟机、嵌入式数据库、应用软件等就会对 CPU 资源有较高的要求。单 CPU 的首要任务是完成通信协议，并且通信协议软件有着很精确的定时要求，如果 CPU 还要兼顾应用软件就比较困难了。于是便有了双 CPU 手机。双 CPU 手机的其中一个 CPU 专门把通信协议做好，另一个 CPU 负责 UI、虚拟机、嵌入式数据库、嵌入式浏览器等功能。两个 CPU 可以分开，或者做在一个芯片里。在市场上很多没有基带处理芯片开发能力的手机设计公司（如 Design House）就购买国外的手机模块，在外面再加一块 CPU 实现双 CPU。模块运行通信协议，自己加的 CPU 运行 UI 和应用软件，两者通过串口通信。智能手机基本上全是双 CPU，iPhone、Android、OPhone、Windows Mobile、Symbian、嵌入式 RNIX 全是运行在第二块 CPU 上的。这些商业操作系统无法和无线通信协议软件集成到一块 CPU 上。双 CPU 的手机功能强，但它们一般体积大，耗电多，成本高。大部分手机应用在单 CPU 方案里也能实现。现在国内小巧、实用、低成本的单 CPU 方案还是占据较大的市场份额。

二、 内部存储： RAM 和 ROM

智能手机上的存储空间分为两类——ROM（read only memory）和 RAM（random access memory），即只读存储器和随机内存，如图 2 - 10。

图 2-10　手机存储　　　　　　　　　　图 2-11　RAM

1. ROM——只读存储器

ROM——只读存储器通常采用闪存芯片，即用户常说的储存空间，手机的 ROM 和传统的 ROM 又有些不一样，它分为两部分，一部分是用于系统，另外一部分是用于用户存储数据。即使在电池无电的情况下，存储在闪存中的数据也不会丢失，因此高档的智能手机的闪存容量较大，除保存操作系统外，多余的存储空间可以用于备份通讯簿等重要数据。

ROM 常见的容量有 4G、8G、16G、32G、64G 等。ROM 也会涉及一个容量的问题，分为标称容量、实际容量和可用容量三种。标称容量即上面提到的几种容量。ROM 的实际容量会比标称容量小很多，这是因为 ROM 被分为了三个部分，一部分用于系统，即用户平时"刷机"刷进去的部分，另一部分是用于系统软件的安装，例如部分手机会分出 2G 用于安装软件，而剩下的则是用户可支配的部分，作为"内部存储卡"。内部存储卡的功能和用户插入的 TF 卡作用是一样的，可以随意地拷贝用户想要的内容。当然，内部存储卡的功能也不完全和 TF 卡一样，因为部分软件的数据安装包正常情况下是只能放到内部存储卡的，而 TF 卡不能作为数据安装包存放的位置，所以这就是为什么用户插入大容量存储卡以后装软件依然提示空间不足。

2. RAM——随机存储器

RAM——随机存储器才是用户平时所说的智能手机的"内存"，通常是采用速度更快的 DRAM 芯片。RAM 有存储数据和运行程序两大用途，用户可以自行划分将多少内存用于"存储"，多少内存用于"程序"。存储内存是用于安装应用程序和保存各种数据的，类似于硬盘的功能，而程序内存则类似于主存储器，用于运行操作系统和各种应用程序。

主流的手机有 512M、768M、1G、2G 等容量，所以一些用户所说的"16G 内存"当然不是指 RAM 了。RAM 的标称容量即用户看手机参数的容量，即 1G、2G 这些数据。实际容量会比标称容量少一些，除了一些小量的损耗（算法、颗粒的不同）之外，部分手机还会被 GPU（图形处理器）占用一部分 RAM，所以一些 2G 的手机看到的实际容量会是 1.7G～1.8G。而可用容量又会比实际容量再少一些，是由于系统以及后台程序占用的原因，一般 2G 的手机刚开机的时候可用 RAM 容量会有 1.3G 左右，而 1G 的手机则有 400M 左右。

由于 DRAM 芯片的数据在掉电后会丢失，因此智能手机和掌上计算机一样都具有一颗备用电池，在更换主电池或主电池无电的情况下也能保持内存中的数据，如图 2 - 11。

三、 输入输出——触摸屏

触摸屏（Touch panel）又称为触摸面板，是个可接收触头等输入讯号的感应式液晶显示装置，当接触了屏幕上的图形按钮时，屏幕上的触觉反馈系统可根据预先编程的程式驱动各种连结装置，可用以取代机械式的按钮面板，并借由液晶显示画面制造出生动的影音效果。

智能手机主要使用的是电容式触摸屏，是利用人体的电流感应进行工作的。电容式触摸屏是一块四层复合玻璃屏，玻璃屏的内表面和夹层各涂有一层 ITO（ITO 是所有电阻技术触摸屏及电容技术触摸屏都用到的主要材料，实际上电阻和电容技术触摸屏的工作面就是 ITO 涂层），最外层是一薄层矽土玻璃保护层，夹层 ITO 涂层作为工作面，四个角上引出四个电极，内层 ITO 为屏蔽层以保证良好的工作环境。当手指触摸在金属导电层上时，由于人体电场，用户和触摸屏表面形成以一个耦合电容，对于高频电流来说，电容是直接导体，于是手指从接触点吸走一个很小的电流。这个电流分从触摸屏的四角上的电极中流出，并且流经这四个电极的电流与手指到四角的距离成正比，控制器通过对这四个电流比例的精确计算，得出触摸点的位置。

电容式触摸屏支持多点触摸的人机交互方式，普通电阻式触摸屏只能进行单一点的触控。例如：Apple iPhone，N8 为电容式触摸屏，可以用双手同时接触屏幕进行网页、图片浏览放大等操作。Nokia 5800，N97；HTC D600，5230 等就为电阻式触摸屏，只能单点操作。

 材料阅读

智能手机的其他硬件组成

一部智能手机的主要硬件除了包括 CPU、内部存储（RAM 和 ROM）、输入输出（触摸屏）等部件。还有以下几个重要部分。

1. 各类感应单元

智能手机中的感应单元，带来了智能手机尤其是 iPhone 游戏全新的操作体验，例如我们利用摇摆 iPhone 来控制方向的竞速类游戏，通过保持 iPhone 或 iPad 倾斜角度来完成的游戏，通过甩动手机实现的功能操作等等。这是通过不同数量的感应器来实现的。

目前，包括入门级智能手机在内，都会配置重力感应器，它可以判断手机在一个平面上旋转，从而让系统跟随旋转屏幕；光线感应器，可以根据外部光线强弱来调节屏幕到较为合适的亮度；距离传感器，专门负责在接听电话时，判断达到一定距离后关闭屏幕，达到节电目的。除此之外，越来越多手机也开始配置三轴陀螺仪，虽然在最早三轴陀螺仪手机 iPhone 4 发布时，苹果向大家展示了三轴陀螺仪根据手机机身 3D 旋转来操作游戏的应用，但似乎类似应用并不受欢迎。但在三轴陀螺仪芯片技术文档中，我们可以看到用它来负责拍照或摄像时防抖动判断的功能，而在 iPhone 4s 上，这一功能也因此得以加强。

2. 通讯单元

智能机的通讯单元一般由支持不同制式手机通信网络的基带芯片，信号发射与接收使用的电源管理与功放芯片组成。目前，包括 WCDMA、CDMA2000、GSM 和 4G LTE 都由不同芯片或同一芯片支持。而由于在通讯功能中，高通公司拥有更为丰富的技术积累，所以，高通的 Snapdragon 往往被称之为"芯片组"。所谓芯片组，并不是因为 SoC 芯片整合了各种控制功能，而是因为如果同时采购 Snapdragon 和高通的基带芯片、通讯芯片，将得到更为优惠的方案。

3. 摄像头

智能手机的拍照与摄像功能显然已经成为所有应用中的重要组成部分，没有摄像头（见图 2-12）的智能手机，显然是让人无法接受的。而我们在今年更是看到了 Nokia Pureview 技术带来的 4100 万像素和采用索尼背照式 CMOS［Exmor R CMOS］的几款重要手机，iPhone 4s 800 万像素、HTC OneX800 万像素、SONY Xperia S LT26i 1200 万像素。单纯的像素增长当然不是手机拍摄功能的全部，以索尼 Exmor R CMOS 为代表的小尺寸 CMOS，除了像素提升外，配合镜头进步，处理器速度的提升，确实让手机的拍照功能有了明显进步，甚至在对焦

图 2-12　摄像头

速度、测光功能与性能方面，也有一定进步，与入门 DC 相比，这些手机的表现在室外环境拍摄已经有一定的优势。而在智能手机丰富的拍照后期处理软件，图片社交软件等配合下，"拍照"的利用率和分享率要比历史上任何一个时期都高，这种极为强大的功能需求，让智能手机的摄像头成为重要焦点。

4. 蓝牙

蓝牙是一种支持设备短距离通信（一般 10m 内）的无线电技术。能在包括移动电话、PDA、无线耳机、笔记本电脑、相关外设等众多设备之间进行无线信息交换。利用"蓝牙"技术，能够有效地简化移动通信终端设备之间的通信，也能够成功地简化设备与因特网 Internet 之间的通信，从而数据传输变得更加迅速高效，为无线通信拓宽道路。

5. WiFi

WiFi 是一种可以将个人电脑、手持设备（如 PDA、手机）等终端以无线方式互相连接的技术。WiFi 是一个无线网路通信技术的品牌，由 WiFi 联盟（WiFi Alliance）所持有。目的是改善基于 IEEE 802.11 标准的无线网路产品之间的互通性。现在一般人会把 WiFi 及 IEEE 802.11 混为一谈，甚至把 WiFi 等同于无线网际网路。

第四节　主流智能手机操作系统介绍

 任务描述

了解目前常见的几款主流智能手机操作系统的特点。

 任务分析

操作系统是智能手机最重要的组成部分之一，了解不同智能手机的操作系统的各自特点，有利于使智能手机的功能发挥得更淋漓尽致，使人们更好地使用智能手机。

智能手机的操作系统就是运行在手机上，管理手机硬件与软件资源的核心软件，它直接与硬件打交道，把用户和第三方软件的指令转化为具体的操作。智能手机操作系统的核心是用户体验，一方面是操控体验，如触控的易用性、界面的人性化、系统稳定可靠性等；另一方面是应用和服务体验，如应用程序的数量和质量、对于网络服务的整合、对最新需求的满足等。从这个意义上来讲，如果一个操作系统能带来出色的用户体验，它就能在市场上拥有一席之地。

目前主流的智能手机操作系统有：Symbian、Windows Phone 7.x、iOS、Android 和 BlackBerry OS，他们之间的特点各异，应用软件互不兼容。因此智能手机的操作系统已经成为购机的主要参考指标，下面就对目前常见的几款主流智能手机操作系统加以介绍。

一、Symbian OS

1. 简介

Symbian OS 是塞班公司为手机而设计的操作系统。塞班公司成立之初是由诺基亚、索尼爱立信、摩托罗拉、西门子等几家大型移动通信设备商共同出资组建的一个合资公司，专门研发手机操作系统。正是因为"简单使用"的理念，使 Symbian OS 并没有给初级智能手机使用者一种难以驾驭的感觉，使其能在早期智能手机领域得到迅速的推广和发展。然而从 2009 年开始 LG、索尼爱立信、三星等陆续退出 Symbian 转而投入 Android，2011 年底诺基亚官方宣布放弃 Symbian OS 系统品牌。

2. Symbian OS 版本介绍

Symbian OS 各版本更新的时间如下：

1999 年产生 Symbian OS v5.x；到 2005 年 Symbian OS v9.x 使用至今。到 Symbian OS v9.x 以后诺基亚就不再更新 Symbian OS，仅对其 UI（User Interface）用户图形操作界面进行改进并命名，因此人们常见的 Series 60 系列，如：Series 60 第一版、第二版、第三版、第五版（亦被称为 Symbian^1）还有 Symbian^3 及后续版本并不是 Symbian OS 系统的新版本，而是诺基亚在 SymbianOS v9.x 基础上开发的用户图形操作界面版本。

Symbian^3 也称为塞班 3 系统，是诺基亚 2010 年下半年推出的，拥有全新的用户界面，支持多幅待机桌面、Widget 插件，集成 SNS 社交网络，支持 2D/3D 游戏加速，支持高清视频。

2011 年 12 月 21 日，诺基亚官方宣布放弃 Symbian OS 系统品牌，因此 Symbian^3 的第二个版本被命名为 Nokia Anna(安娜)，修改了部分 UI 和图标，采用了圆滑边角的图标，早期 Symbian^3 系列手机可更新到该版本。Nokia Anna 系统的代表机型有 X7 - 00、E7 - 00等。

Nokia Belle(贝拉)是 Symbian^3 的第三个版本，采用全新的 UI，修改了任务栏、按钮的样式，加入了大量类似于 Android 的元素：下拉式通知栏、一键开关 widget 等。Nokia Belle 代表机型：诺基亚 603、700、701。

3. Symbian 系统优点

(1)强大的开放性，手机终端众多，吸引广大开发者加入，使得 SymbianOS 在辉煌时期的第三方软件众多。

(2)操作与普通手机(非智能手机)基本相同，容易上手。

(3)系统运行安全、稳定，占用资源少，硬件要求较低。

(4)低功耗，高处理性能。

(5)具备多线程运行模式。

4. Symbian 系统现存缺点

(1)Symbian 系统各版本间的软件不兼容，新版系统应用软件少。

(2)不开放源代码，系统编程复杂。

(3)对主流的媒体格式的支持性较差。

(4)从联盟变为诺基亚独有，其他手机品牌逐渐退出，现存的终端种类很少。

5. 新的 Symbian^3 系统特色

(1)全面采用电容式屏幕，并首次在诺基亚手机上实现了多点触控功能。

(2)支持多页主页，多个天气预报、新闻、社交网络账号以及多个电子邮件账户和 Widget，其他应用可以同时出现在主屏幕上。

(3)对内存管理进行了全面优化，支持用户开启多个应用程序的同时，保持流畅的程序运行和切换，首次支持多任务缩略图预览。

(4)将软硬件配置统一，通过优化对 2D/3D 图形游戏和应用进行提速，提高视觉效果。

(5)使用 ScreenPlay 技术，增加半透明多层叠加的效果，让高分辨率的画面或者动画内容融合在界面当中，不但美化了用户界面，还能有效的控制电量。

(6)拥有超高速网络连接和顺畅的无缝切换能力，用户可以在 WiFi、HSPA、4G LTE 等无线网络中方便切换，做好了支持将来 4G 网络的准备。

(7)使诺基亚手机首次实现了高清视频输出能力，通过 HDMI 接口使得手机可以代替高清播放器，实现 1080p 高清视频的输出。

(8)整合音乐商店 Music Store，在界面上添加了"Buy Now"按钮，供用户直接线上购买喜欢的音乐。

二、 Android 操作系统

1. 简介

Android 操作系统是一个由谷歌(Google)和开放手机联盟共同开发的移动设备操作系统，其最早的发布版本开始于 2007 年 11 月的 Android 1.0 beta，并且已经发布了多个更新版本的 Android 操作系统。2011 年第一季度，Android 在全球的市场份额首次超过塞班系统，跃居全球第一。2012 年 2 月数据，Android 占据全球智能手机操作系统市场 52.5% 的份额，中国市场占有率为 68.4%。

2. Android 系统发展

Android 系统发展如表 2 – 2。

表 2 – 2　Android 系统发展

Android 2.3 Gingerbread(姜饼)	
Android 3.0 Honeycomb(蜂巢)	
Android 4.0 Ice Cream Sandwich(冰激凌三明治)	
Android 4.1 Jelly Bean(果冻豆)	

3. Android 操作系统特点

Android 的一个重要特点就是它的应用框架和 GUI 库都用 Java 语言实现。Android 内部有一个叫作 Dalvik 的 Java 虚拟机，Java 程序由这个虚拟机解释运行。Android 平台的应用程序也必须用 Java 语言开发。下面对 Android 进行详细的了解。

Android 是包括一个操作系统，中间件和关键应用的移动设备的一个软件堆。

(1) Android 操作系统的特性：

①应用程序框架允许重复使用和替换组件；

②Dalvik 虚拟机为移动设备优化；

③综合的浏览器基于开源的 WebKit 引擎；

④优化的图像由 2D 图像库支持；3D 图形基于 OpenGL ES 1.0(可选择硬件加速)；

⑤SQLite 提供结构化的数据存储；

⑥多媒体支持常见的声频、录像和图像格式(MPEG4，H. 264，MP3，AAC，AMR，

JPG，PNG，GIF）；

⑦GSM 电话(依赖于硬件)；

⑧蓝牙、EDGE、3G 和 WiFi(无线保真)(依赖于硬件)；

⑨照相机、GPS、指南针和加速器(依赖于硬件)；

⑩丰富的开发环境：包括模拟器设备、调试工具、内存和显示轮廓，Eclipse 集成开发环境的一个插件。

（2）Android 4.0 系统特点

①全新的 UI；

②全新的 Chrome Lite 浏览器，有离线阅读、16 标签页、隐身浏览模式等；

③新功能 People：以联系人照片为核心，集成了 Twitter、Linkedin、Google + 等通信工具；

④新增流量管理工具，可具体查看每个应用产生的流量；

⑤人脸识别功能；

⑥平板电脑和智能手机通用；

⑦语音识别的键盘；

⑧全新的 3D 驱动，游戏支持能力提升；

⑨全新的谷歌电子市场；

⑩增强的桌面插件自定义。

4. Android 系统优势

（1）开放的平台允许任何移动终端厂商加入到 Android 联盟中来，除了诺基亚和苹果之外，其他的手机大牌厂商悉数支持 Android 系统。

（2）完全开放源代码，吸引了大批软件开发者，极大地丰富了 Android 平台的应用程序，免费软件比较多。

（3）开放策略降低了各手机厂商的进入门槛，大量厂商转向 Android 阵营，带来了丰富的机型选择，各种价位和配置都有供选择，市场份额增长最快。

（4）界面丰富、操控性强，Widget 桌面组件可以及时反映网络动态，手机厂商还可以在原生的用户界面以外进行修改和再开发，如 HTC Sense，摩托罗拉的 MotoBlur、索尼爱立信的 Nexus UI、三星 Touchwiz 等。

（5）运行速度快，内存占用小，对硬件配置要求不高。

（6）Google 服务如地图、邮件、搜索等已经成为连接用户和互联网的重要纽带，而 Android 平台手机将无缝结合这些优秀的 Google 服务。

5. Android 平台不足

（1）开放平台，手机与互联网联系紧密，个人隐私安全很难得到保护。

（2）程序来源多样，存在恶意扣费软件。

（3）原生 Android 界面定制和管理相对复杂。

（4）硬件的不同带来的兼容性问题，用户体验不一致。

（5）收费平台不完善，精品软件少。

（6）没有统一的与电脑同步管理软件。

（7）版本过多，升级过快。

（8）内置的许多 Google 产品在中国大陆地区不可用。

6. Android 操作系统的体系架构

Android 操作系统的体系架构如图 2 - 13 所示。

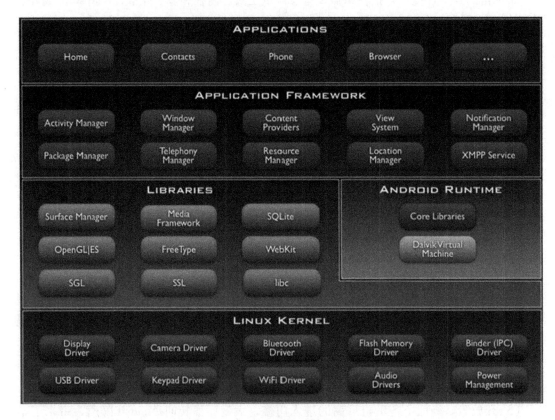

图 2 - 13　Android 操作系统的主要部件

（1）应用程序（Applications）：

Android 将装载一系列的核心应用程序，包括电子邮件客户端、SMS 程序、日历、地图、浏览器和联系簿等等，所有的应用程序都用 Java 编程语言编写。

（2）应用程序框架（Application Framework）：

开发者可以完全访问 APIs，因为核心应用使用相同的应用程序框架。应用程序框架是为简单的组件重用而设计的，任何应用程序都可以发布自己的功能，任何其他的应用程序可能利用这些功能（以被框架实施的安全约束为条件）。相同的机制允许用户替换组件。

全部应用的基础是一套服务和系统，包括：

①可用来构建应用程序的一系列丰富的可扩展的 Views（视图组件），包括 lists（列表），grids（栅格），text boxes（文本框），buttons（按钮），甚至一个嵌入式的 Web 浏览器；

②内容提供者允许应用程序访问其他应用程序的数据（例如联系簿），或者共享它们自己的数据；

③资源管理工具提供访问非代码的资源，例如本地文本，图像和布局文件；

④通知管理工具允许所有的应用程序显示状态栏中的常用提示；

⑤Activity 管理工具管理应用程序的生命周期，以及提供普通导航和后退。

（3）库（Libraries）：

Android 包括一系列的 Android 系统中多种组件用到的 C/C＋＋库。这些功能通过 Android 应用框架与开发者接触。以下列举的是一些核心库：

①系统 C 库：BSD 得到的标准 C 系统库（libc），为嵌入的基于 Linux 的设备调试；

②多媒体库：基于 PacketVideo 的 OpenCORE；该库支持播放和浏览流行的音频与视频形式的记录，以及静态图像文件，包括 MPEG4，H. 264，MP3，AAC，AMR，JPG 和 PNG；

③界面管理工具：管理访问与显示子系统和从多应用无缝的集成 2D 和 3D 图像的图表层；

④LibWebCore（Web 核心库）：一个现代的 Web 浏览器，它提供 Android 浏览器和嵌入式的 Web 显示；

⑤SGL：基础 2D 图像引擎；

⑥3D 库：基于 OpenGL ES 1. 0 APIs 的工具；这些库或者使用（可提供的话）3D 硬件加速或者使用内置的高度优化的 rasterizer 软件 3D；

⑦FreeType（免费类型）：位图和矢量字体提供；

⑧SQLite：一个可被所有应用程序使用的强大的轻量级的关系型数据库引擎。

（4）Android 运行环境：

Android 包括一套核心库，它们提供大部分 Java 编程语言中的需要用到的功能性库函数。

每一个 Android 应用程序都运行在它自己的进程里，带着它自己的 Dalvik 虚拟机实例。Dalvik 已经被编写出来，因此一个设备可以高效的运行多个虚拟机。Dalvik 虚拟机在 Dalvik 可执行格式（. dex）中执行文件，它是经过优化的，以至于可以用最小的内存。这种虚拟机是基于登记的，利用内置的"dx"工具将文件转化成 . dex 格式，然后经过 Java 语言编译器编译成类，最后运行该类。

Dalvik 虚拟机依靠底层的 Linux 内核功能，用户只需下载了 Android 的 SDK 就可以在电脑上虚拟这个手机操作系统。

三、 iOS 操作系统

1. iOS 简介

苹果 iOS 是由苹果公司开发的手持设备操作系统。苹果公司最早于 2007 年 1 月 9 日的 Macworld 大会上公布这个系统，最初是设计给 iPhone 使用的，后来陆续套用到 iPod touch、iPad 以及 Apple TV 等苹果产品上。iOS 属于类 Unix 的商业操作系统。原名为 iPhone OS，直到 2010 年 6 月 7 日 WWDC 大会上宣布改名为 iOS。iOS 的界面能够使用多点触控直接操作，便于使用，用户体验优秀，在 App Store 的推动之下，成为世界上引领潮流的操作系统之一。

iOS 是运行于 iPhone、iPod touch 以及 iPad 设备的操作系统，它管理设备硬件并为手机本地应用程序的实现提供基础技术。根据设备不同，操作系统具有不同的系统应用程序，例如 Phone、Mail 以及 Safari，这些应用程序可以为用户提供标准系统服务。

iPhone SDK 包含开发、安装及运行本地应用程序所需的工具和接口。本地应用程序使用 iOS 系统框架和 Objective – C 语言进行构建，并且直接运行于 iOS 设备。它与 web 应用程序不同，一是它位于所安装的设备上，二是不管是否有网络连接它都能运行。可以说本地应用程序和其他系统应用程序具有相同地位。本地应用程序和用户数据都可以通过 iTunes 同步到用户计算机。

2. iOS 发展历史

iOS 最早于 2007 年 1 月 9 日的苹果 Macworld 展览会上公布，随后于同年的 6 月发布的第一版 iOS 操作系统，当初的名称为"iPhone runs OS X"。2010 年 6 月，在 iPhone4 推出的时候，苹果决定将原来 iPhone OS 系统重新定名为"iOS"，并发布新一代操作系统"iOS 4"。

2011 年 10 月 13 日发布的 iOS 5，加入了 Siri 语音操作助手功能，用户可以与手机实现语言上的人机交互，该功能可以实现对用户的语音识别，完成一些较为复杂的操作，使用 Siri 来查询天气、进行导航、询问时间、设定闹钟、查询股票甚至发送短信等功能，方便了用户的使用。同时支持 iOS5 的设备有 iPhone3GS、iPhone4、iPhone4s、iPad/iPad2，以及三、四代 iPod Touch。

从最初的 iPhone OS，演变至最新的 iOS 系统，iOS 成为苹果新的移动设备操作系统，横跨 iPod Touch、iPad、iPhone，成为苹果最强大的操作系统。甚至新一代的 Mac OS X Lion 也借鉴了 iOS 系统的一些设计，可以说 iOS 是苹果的又一个成功的操作系统，能给用户带来极佳的使用体验。

3. iOS 系统优点

（1）优雅直观的界面，主屏幕简单美观，多点触控，容易上手。

（2）世界级的庞大移动应用软件库，每一类别都有数千款的应用软件。Apple 为第三方开发人员提供了一整套丰富的工具和 API，他们开发了众多的应用软件和游戏，足以重新定义移动设备的功能。

（3）高速的性能表现和极佳的稳定性，高效电量管理，虽然不能更换电池，但 iPhone 的电池续航能力还是非常强的。

（4）完美的软硬件配合。iPhone 的硬件和操作系统皆由 Apple 制造，因此一切都可以智能、流畅地协作。这种整合使应用软件得以充分利用 iPhone 强大的硬件功能，如 Retina 显示屏、Multi – Touch 界面、加速感应器、三轴陀螺仪、图形加速等。

（5）设计保障安全。全部应用软件都在安全的环境下运行，一个网站或应用软件无法访问其他应用软件中的数据。支持多种加密方式和访问控制。

（6）商务功能强大。iOS 兼容 Microsoft Exchange 和标准服务器，可发送无线推送的电子邮件、日历和通讯录。可以使用配置文件在企业内部署。

（7）内置辅助功能，可帮助残障人士使用 iPhone。

（8）通行世界。用户界面支持 30 多种语言，可在各种语言之间轻松切换。

（9）支持 AirPrint 打印和 AirPlay 空中播放功能。

4. iOS 系统缺点

（1）需要与 itunes 配合进行同步操作，不能互相直接拷贝铃声、音乐、电影、图片，不能直接进行文件管理。

（2）封闭系统，appstore 中的应用需要由苹果公司进行审核，一些功能受到限制。

（3）在 iOS 8 桌面，手机给予用户的信息量相比 Android 和 WP7 平台略少。虽然可以看到时间、日期等基本信息，但相对于可以显示时间、日期、天气、短信、邮件、新闻的 Android 桌面，信息量明显偏少。您需要点击图标进入程序，或者打开通知中心才可以看到这些信息的详细内容。

（4）缺乏灵活性。例如不能使用第三方输入法，不能更换主题，不支持 Flash，无法处理压缩过的邮件附件，对多任务运行有限制。

（5）终端只能选择苹果公司的产品。

5. 最新 iOS 8 系统特点

（1）系统的顶部通知栏增强了互动性。例如用户在收到一条短信时，可以直接在通知栏里进行回复，而不用再进入短信应用界面。其他应用也是类似。用户可以使用短信分享地址，输入语音短信，还能发送语音和视频，利用 iMessage 发起群聊等。

（2）对多任务后台进行了功能上的丰富，在任务栏上方加入了最近联系人，可以快捷地进行通话、发送短信等。

（3）开放了第三方输入法，但为了安全在某些界面有所限制，另外系统会在用户输入时给予"预测性建议"。比如，朋友发短信问你今晚一起吃饭还是看电影？QuickType 功能就会在输入法中显示"吃饭"或"看电影"，让你完成快捷回复。

（4）Spotlight 不再只是本地搜索，可以联网找 APP，找新闻、餐厅、歌曲、电影等。

（5）首次支持用户打包购买 APP 应用，通常用户可以借此获得一定的折扣。

（6）增加了健康管理功能 HealthKit。HealthKit 是一个可穿戴设备的管理软件，支持耐克等可穿戴产品。HealthKit 已经有许多合作伙伴，他们将为之开发能够适配的软硬件产品。

（7）新增了家庭分享（Family Sharing）功能，就可以利用这个功能分享给最多 6 个家庭成员，非常实用省钱。

（8）用户可以对图片进行"智能编辑"，调整图片的多个参数，比如曝光度、对比度、亮度等。

（9）此外，语音助手 Siri 也进行了升级，增加支持中国农历等功能。

6. iOS 系统体系架构

iOS 架构和 Mac OS 的基础架构相似。站在高级层次来看，iOS 扮演底层硬件和应用程序（显示在屏幕上的应用程序）的中介，如图 2 - 14 上层应用程序。

开发者创建的应用程序不能直接访问硬件，而需要和系统接口进行交互。系统接口转而又去和适当的驱动打交道。这样的抽象可以防止您的应用程序改变底层硬件。如图 2 - 15 所示，iOS 实现可以看作是多个层的集合（"Game Kit 框架"含有对这些层的介绍），底层为所有应用程序提供基础服务，高层则包含一些复杂巧妙的服务和技术。

在编写代码的时候，应该尽可能地使用高层框架，而不要使用底层框架。高层框架为底层构造提供面向对象的抽象。这些抽象可以减少需编写的代码行数，同时还对诸如 socket 和线程这些复杂功能进行封装，从而让编写代码变得更加容易。虽说高层框架是对底层构造进行抽象，但是它并没有把底层技术屏蔽起来。如果高层框架没有为底层框架的

移动互联网技术应用基础

图 2-14　上层应用程序

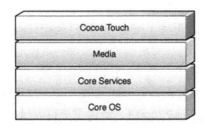

图 2-15　iOS 的层

某些功能提供接口，开发者可以直接使用底层框架。

7. iPhone SDK

开发 iOS 应用程序所需的全部接口、工具以及资源全都包含于 iPhone SDK。苹果公司将大部分系统接口发布在框架这种特殊的数据包。一个框架就是一个目录，它包含一个动态共享库以及使用这个库所需的资源（例如头文件、图像以及帮助应用程序等）。如果要使用某个框架，则需要将其链接到应用程序工程，这一点和使用其他共享库相似。另外，还需要告知开发工具何处可以找到框架头文件以及其他资源。除了使用框架，苹果公司还通过标准共享库的形式来发布某些技术。由于 iOS 以 UNIX 为基础，操作系统底层的许多技术都源自开源技术，这些技术的许多接口可以从标准库和接口目录访问。

四、　Windows Phone 操作系统

1. 简介

Windows Phone 平台是微软新发布的新一代手机操作系统，它将微软旗下的 Xbox LIVE 游戏、Zune 音乐与独特的视频体验整合至手机中。

Windows Phone 具有桌面定制、图标拖拽、滑动控制等一系列前卫的操作体验。其主屏幕通过提供类似仪表盘的体验来显示新的电子邮件、短信、未接来电、日历约会等，让人们对重要信息保持时刻更新。全新的 Windows 手机把网络、个人电脑和手机的优势集于

一身，让人们可以随时随地享受到想要的体验。

2. Windows Phone 系统发展历史

2010 年 2 月，微软公司正式发布 Windows Phone 智能手机操作系统的第一个版本 Windows Phone 7，简称 WP7，并于 2010 年底发布了基于此平台的硬件设备。主要生产厂商有：三星，HTC，LG 等，从而宣告了 Windows Mobile 系列彻底退出了手机操作系统市场。全新的 WP7 完全放弃了 WM5 和 6x 的操作界面，而且程序互不兼容。

2011 年 9 月 27 日，微软发布了 Windows Phone 系统的重大更新版本"Windows Phone 7.5"(Mango)版。Windows Phone 7.5 是微软在 Windows Phone 7 的基础上大幅优化改进后的升级版，弥补了许多它的不足并在运行速度上有大幅提升。Windows Phone 系统发展如表 2 - 3。

表 2 - 3　Windows Phone 系统发展

版本	LOGO
Windows Phone 7.0	
Windows Phone 7.1 NoDo(节点)	
Windows Phone 7.5 Mango(芒果)	
Windows Phone 7.6 Tango(探戈)	
Windows Phone 8.0 Apollo(阿波罗)	

3. Windows Phone 系统特点

Windows Phone 的理念在于，信息 > app。在以上的理念下，微软创造了全新的 UI 概念 Metro(地铁)。Metro 是微软在 Windows Phone 7 中正式引入的一种界面设计语言，也是 Windows 8 的主要界面显示风格。Metro 界面和苹果的 iOS、谷歌的 Android 界面最大的区别在于：后两种都是以应用为主要呈现对象，而 Metro 界面强调的是信息本身，而不是冗余的界面元素，强调了信息接收的最大化，让用户更为直观和快速的接受需要知晓的信息。同时在视觉效果方面，这有助于形成一种身临其境的感觉。

移动互联网技术应用基础

4. Windows Phone 平台优点

（1）动态滚动的 Tile 图标（瓷块），信息量大，运行流畅。

（2）People Hub（人脉）将 Facebook，Twitter，Linkedln 各种好友的联络方式放置其中，并整合了 Messenger，方便好友之间联系。

（3）增强的 Windows Live 体验，包括最新源订阅，以及横跨各大社交网站的分享等。

（4）在手机上通过 Outlook Mobile 直接管理多个账号，并使用 Exchange Server Push Mail，自动推送最新邮件，同步联系人、日历、邮件、短信（Exchange 2010 支持）等信息，手机一旦丢失支持远程删除数据。

（5）内置 Microsoft Office Mobile 办公套装，包括 Office Word、Excel、PowerPoint 和 OneNote 等组件，方便商务人士使用。

（6）微软的云端服务 skydrive 与 Windows Phone7 手机深度整合，实时可以同步手机中的日历、通讯录、图片、Office，并且随时随地通过 Windows live 平台来读取这些数据。

（7）重新设计的 Internet Explorer 手机浏览器，和 PC 一致的浏览体验，支持 Adobe Flash Lite。

5. Windows Phone 平台缺点

（1）目前 Windows Phone 的应用数量还很少。

（2）Windows Phone 的界面独特，可定制的地方很少，容易造成审美疲劳。

（3）在最新版本 Windows Phone 7.5 当中虽然开始支持多任务处理，但是最多也只能运行 5 个程序，多任务处理显得力不从心。

（4）系统开放程度不足，无法安装第三方输入法，不支持来电增强类的软件，不能通话录音，蓝牙传输文件等。

 材料阅读

各大智能手机操作系统特点简易比较如表 2-4。

表 2-4　各大智能手机操作系统特点简易比较表

操作系统	特点	支持厂商
Symbian（中文名：塞班）	是一个实时性、多任务的纯 32 位操作系统，具有功耗低、内存占用少等特点，非常适合手机等移动设备使用。	芬兰诺基亚、英国索尼爱立信、韩国三星。
Android（中文名：安卓）	是基于 Linux 平台开源手机操作系统名称，该平台由操作系统、中间件、用户界面和应用软件组成，号称是首个为移动终端打造的真正开放和完整的移动软件。目前在市场上可谓如日中天，越来越受到玩家的青睐，倍受摩托罗拉推崇。	美国摩托罗拉、台湾 HTC、韩国三星、韩国 LG、英国索尼爱立信等。

操作系统	特点	支持厂商
iOS （中文名：苹果）	是由苹果公司为 iPhone 开发的操作系统，它主要是给 iPhone 和 iPod touch 使用。该系统的 UI 设计及人机操作前所未有的优秀，软件极其丰富。苹果完美的工业设计配以 iOS 系统的优秀操作感受，已经赢得可观的市场份额。	苹果公司。
Windows Mobile	作为软件巨头微软的掌上版本操作系统，在与桌面 PC 和 Office 办公的兼容性方面具有先天的优势，而且 WM 具有强大的多媒体性能，办公娱乐两不误，让他成为最有潜力的操作系统之一。以商务用机为主。	台湾 HTC、韩国三星、韩国 LG、英国索尼爱立信、阿联酋 i - mate，目前各大山寨厂商也同样生产者大量 WM 产品。

◄═║复习思考题║═►

1. 智能手机与功能手机的共同点与不同点是什么？

2. 手机中双 CPU 的功能是什么？

3. 为什么用户插入大容量存储卡以后，装软件依然提示空间不足？如何解决？

4. 电容式触摸屏与电阻式触摸屏的共同点与不同点是什么？哪个有利用于智能手机？

5. 一部智能手机的具体硬件组成有哪几样？

6. 如果你使用智能手机，你会选择哪个智能手机操作系统？为什么？

7. 如果你使用智能手机，哪些软件是操作系统所带有的软件？哪些是你本人自行安装的软件？

第三章　移动互联网热点技术

学习完本章之后，你将能够：

- 了解二维码技术的起源、技术标准、优越性，理解二维码的编码原理，熟练掌握二维码的应用；
- 了解 RFID 系统的基本组成、技术优势，熟悉 RFID 技术的应用，理解 RFID 应用系统的工作流程，掌握 RFID 电子标签的分类及其特点；
- 了解 NFC 技术的发展现状，理解 NFC 技术的特点，熟悉 NFC 的主要技术方案和应用领域，掌握 NFC 技术与 RFID 技术的区别；
- 了解云计算的概念及其发展现状，理解云计算的特点，熟悉云计算的服务类型；
- 了解 HTML5 的技术优势，熟悉 HTML5 的应用前景。

第一节　手机二维码技术

 任务描述

了解二维码技术的起源、技术标准、优越性，理解二维码的编码原理，熟练掌握二维码的应用。

 任务分析

二维码技术的应用极大地提高了数据采集和信息处理的速度，改善了人们的工作和生活环境，提高了工作效率，并为管理的科学化和现代化做出了重要贡献。掌握本节内容能为今后的工作、生活带来极大的便利。

一、二维码的起源

二维码技术从 20 世纪 80 年代末开始出现，经过 20 年的推广应用，在传统行业的信息管理和信息交换领域发挥了巨大作用。如果说一维码对工业发展产生了巨大贡献的话，二维码的明天无疑就是一维码的今天，甚至由于其具有的独特优势，能够对社会的经济发展贡献更多。

二维码技术是在一维码无法满足实际应用需求的前提下产生的。由于受信息容量的限制，一维码通常是对物品的标识，而不是对物品的描述。所谓对物品的标识，就是给某物品分配一个代码，代码以条码的形式标识在物品上，用来标识该物品以便自动扫描设备的识读，代码或一维码本身不表示该产品的描述性信息。

因此，在通用商品条码的应用系统中，对商品信息，如生产日期、价格等的描述必须依赖数据库的支持。在没有预先建立商品数据库或不便联网的地方，一维码表示汉字和图像信息几乎是不可能的，即使可以表示，也显得十分不便且效率很低。

随着现代高新技术的发展，迫切需要用条码在有限的几何空间内表示更多的信息，以满足千变万化的信息表示的需要。因此二维码技术应运而生。

二、 二维码的编码原理

二维码可以分为堆叠式/行排式二维码和矩阵式二维码。堆叠式/行排式二维码形态上是由多行短截的一维码堆叠而成；矩阵式二维码以矩阵的形式组成，在矩阵相应元素位置上用"点"表示二进制"1"，用"空"表示二进制"0"，由"点"和"空"的排列组成代码。

(一)堆叠式/行排式二维码

行排式二维码(又称：堆积式二维码或层排式二维码)：其编码原理是建立在一维码基础之上，按需要堆积成二行或多行。它在编码设计、校验原理、识读方式等方面继承了一维码的一些特点，识读设备与条码印刷与一维码技术兼容。但由于行数的增加，需要对行进行判定、其译码算法与软件也不完全相同于一维码。有代表性的行排式二维码有CODE49、CODE 16K、PDF417 等。其中的 CODE49，是 1987 年由 David Allair 博士研制，Intermec 公司推出的第一个二维码。

Code 49 条码：Code 49 是一种多层、连续型、可变长度的条码符号，它可以表示全部的 128 个 ASCII 字符。每个 Code 49 条码符号由 2 到 8 层组成，每层有 18 个条和 17 个空。层与层之间由一个层分隔条分开。每层包含一个层标识符，最后一层包含表示符号层数的信息。

Code 16K 码：Code 16K 条码是一种多层、连续型可变长度的条码符号，可以表示全ASCII 字符集的 128 个字符及扩展 ASCII 字符。它采用 UPC 及 Code128 字符。一个 16 层的Code 16K 符号，可以表示 77 个 ASCII 字符或 154 个数字字符。Code 16K 通过唯一的起始符/终止符标识层号，通过字符自校验及两个模 107 的校验字符进行错误校验。

(二)矩阵式二维码

表 3 - 1　矩阵式二维码类型

国外	符号	国内	符号
QR Code		LP Code	
PDF417 码		GM Code	

续表 3-1

国外	符号	国内	符号
Data Matrix		GM Code	
Maxi Code		GM – U Code	
其他	Code One、Calula Code、BPO4、Stae Code、Postner Code 等	其他	汉信码等

如表 3-1 所示，矩阵式二维码（又称棋盘式二维码）它是在一个矩形空间通过黑、白像素在矩阵中的不同分布进行编码。在矩阵相应元素位置上，用点（方点、圆点或其他形状）的出现表示二进制"1"，点的不出现表示二进制的"0"，点的排列组合确定了矩阵式二维码所代表的意义。矩阵式二维码是建立在计算机图像处理技术、组合编码原理等基础上的一种新型图形符号自动识读处理码制。具有代表性的矩阵式二维码有：Code One、Maxi Code、QR Code、Data Matrix 等。在目前几十种二维码中，常用的码制有：PDF417 二维码，Datamatrix 二维码，Maxicode 二维码，QR Code，Code 49，Code 16K，Code one 等，除了这些常见的二维码之外，还有 Vericode 条码、CP 条码、Codablock F 条码、田字码、Ultracode 条码，Aztec 条码。表 3-1 列举了国内外二维码制及符号。

三、 二维码技术标准

国外对二维码技术的研究始于 20 世纪 80 年代末，已研制出多种码制，全球现有的一维码、二维码多达 250 种以上，其中常见的有 PDF417、QRCode、Code49、Code16K、CodeOne 等 20 余种。二维码技术标准在全球范围得到了应用和推广。美国讯宝科技公司（Symbol）和日本电装公司（Denso）都是二维码技术的佼佼者。

目前得到广泛应用的二维码国际标准有 QR 码、PDF417 码、DM 码、MC 码、GM 码和 CM 码。

1. QR 码

QR 码是由日本 Denso 公司于 1994 年 9 月研制的一种矩阵二维码符号，其全称为 Quickly Response，意思是快速响应。它除具有一维码及其他二维码所具有的信息容量大、可靠性高、可表示汉字及图像多种文字信息、保密防伪性强等优点外，还可高效地表示汉字，相同内容，其尺寸小于相同密度的 PDF417 条码。它是目前日本主流的手机二维码技术标准，目前市场上的大部分条码打印机都支持 QRcode 条码。

2. PDF417 码

PDF417 码是由美籍华人王寅敬（音）博士发明的。PDF 是取英文 Portable Data File 三个单词的首字母的缩写，意为"便携数据文件"。因为组成条码的每一符号字符都是由 4 个条和 4 个空构成，如果将组成条码的最窄条或统称为一个模块，则上述的 4 个条和 4 个空的总模块数一定为 17，所以称 417 码或 PDF417 码。

3. DM 码

DM 码全称为 DataMatrix，中文名称为数据矩阵。DM 采用了复杂的纠错码技术，使得该编码具有超强的抗污染能力。主要用于电子行业小零件的标识，如 Intel 的奔腾处理器的背面就印制了这种码，DM 码由于其优秀的纠错能力成为韩国手机二维码的主流技术。

4. MC 码

MC（Maxicode）码又称牛眼码，是一种中等容量、尺寸固定的矩阵式二维码，它由紧密相连的六边形模组和位于符号中央位置的定位图形所组成。Maxicode 是特别为高速扫描而设计，主要应用于包裹搜寻和追踪上。是由美国联合包裹服务（UPS）公司研制的，用于包裹的分拣和跟踪。Maxicode 的基本特征：外形近乎正方形，由位于符号中央的同心圆（或称公牛眼）定位图形（finder pattern），及其周围六边形蜂巢式结构的资料位元所组成，这种排列方式使得 Maxicode 可从任意方向快速扫描。

5. GM 码

GM 码其全称为网格码（grid matrix code），是一种正方形的二维码码制，该码制的码图由正方形宏模块组成，每个宏模块由 6 乘 6 个正方形单元模块组成。网格码可以编码存储一定量的数据并提供 5 个用户可选的纠错等级。

6. CM 码

CM 码意为"紧密矩阵"，是英文 compact matrix 的缩写。码图采用齿孔定位技术和图像分段技术，通过分析齿孔定位信息和分段信息可快速完成二维码图像的识别和处理。

四、 二维码技术的优越性

二维码是用某种特定的几何图形按一定规律在平面（二维方向上）分布的黑白相间的图形记录数据符号信息的；在代码编制上巧妙地利用构成计算机内部逻辑基础的"0"、"1"比特流的概念，使用若干个与二进制相对应的几何形体来表示文字数值信息，通过图像输入设备或光电扫描设备自动识读以实现信息自动处理，因此，与一维码技术的比较中，其优越性显而易见。

1. 二维码的高密度特性克服了一维码技术识别技术较低的缺陷

目前，应用比较成熟的一维码如 EAN/UPC 条码，因密度较低，故仅作为一种标识数据，不能对产品进行描述。我们要知道产品的有关信息，必须通过识读条码而进入数据库。这就要求我们必须事先建立以条码所表示的代码为索引字段的数据库。二维码通过利用垂直方向的尺寸来提高条码的信息密度。通常情况下其密度是一维码的几十到几百倍，这样我们就可以把产品信息全部存储在一个二维码中，要查看产品信息，只要用识读设备扫描二维码即可，因此不需要事先建立数据库，真正实现了用条码对"物品"的描述。

2. 二维码的纠错功能使得二维码成为一种安全可靠的信息存储和识别方法

一维码的应用建立在这样一个基础上，那就是识读时拒读（即读不出）要比误读（读错）好。因此一维码通常同其表示的信息一同印刷出来。当条码受到损坏（如污染，脱墨等)时,可以通过键盘录入代替扫描条码。鉴于以上原则,一维码没有考虑到条码本身的纠错功能,尽管引入了校验字符的概念,但仅限于防止读错。二维码可以表示数以千计字节的数据,通常情况下,所表示的信息不可能与条码符号一同印刷出来。如果没有纠错功能,当二维码的某部分损坏时,该条码便变得毫无意义,因此二维码引入错误纠正机制。这种纠错机制使得二维码因穿孔、污损等引起局部损坏时,照样可以正确得到识读。二维码的纠错算法与人造卫星和 VCD 等所用的纠错算法相同。这种纠错机制使得二维码成为一种安全可靠的信息存储和识别方法,这是一维码无法相比的。

3. 二维码可以表示多种语言文字

多数一维码所能表示的字符集不过是 10 个数字,26 个英文字母及一些特殊字符。条码字符集最大的 Code l28 条码,所能表示的字符个数也不过是 128 个 ASCII 符。因此要用一维码表示其他语言文字(如汉字、日文等)是不可能的。多数二维码都具有字节表示模式,即提供了一种表示字节流的机制。我们知道,不论何种语言文字,它们在计算机中存储时都以机内码的形式表现,而内部码都是字节码。这样我们就可以设法将各种语言文字信息转换成字节流,然后再将字节流用二维码表示,从而为多种语言文字的条码表示提供了一条前所未有的途径。

4. 二维码可表示图像数据

既然二维码可以表示字节数据,而图像多以字节形式存储,因此使图像(如照片、指纹等)的条码表示成为可能。还可引入加密机制,防止各种证件、卡片等的伪造,这是二维码的又一优点。比如我们用二维码表示照片时,我们可以先用一定的加密算法将图像信息加密,然后再用二维码表示。在识别二维码时,再加以一定的解密算法,就可以恢复所表示的照片。

五、 二维码的应用

二维码可以被广泛应用于各个行业,如物流业、生产制造业、交通、安防、票证等行业,由于各行业特性不同,二维码被应用于不同行业的不同工作流程中。目前,二维码在应用比较广泛的几个行业的具体应用如下:

1. 物流行业应用

二维码在物流行业的应用主要包括四个环节。第一,入库管理:入库时识读商品上的二维码标签,同时录入商品的存放信息,将商品的特性信息及存放信息一同存入数据库,存储时进行检查,看是否是重复录入;第二,出库管理:产品出库时,要扫描商品上的二维码,对出库商品的信息进行确认,同时更改其库存状态;第三,仓库内部管理:在库存管理中,一方面二维码可用于存货盘点,另一方面二维码可用于出库备货;第四,货物配送:配送前将配送商品资料和客户订单资料下载到移动终端中,到达配送客户后,打开移动终端,调出客户相应的订单,然后根据订单情况挑选货物并验证其条码标签,确认配送完一个客户的货物后,移动终端会自动校验配送情况,并做出相应的提示。

2. 生产制造业应用

以食品的生产为例,二维码在食品的生产与流通过程中的应用主要在三个环节。第一,原材料信息录入与核实:原材料供应商在向食品厂家提供原材料时,将原材料的原始生产数据制造日起、食用期限、原产地、生产者、遗传基因组合的有无、使用的药剂等信息录入到二维码中并打印带有二维码的标签，粘贴在包装箱上后交与食品厂家；第二，生产配方信息录入与核实：在根据配方进行分包的原材料上粘贴带有二维码的标签，其中含有原材料名称、重量、投入顺序、原材料号码等信息；第三，成品信息录入与查询：在原材料投入后的各个检验工序，使用数据采集器录入检验数据；将数据采集器中记录的数据上传到电脑中，生成生产原始数据，使用该数据库，在互联网上向消费者公布产品的原材料信息。

3. 安防类应用

由于二维码具有可读而不可改写的特性，也被广泛应用于证卡的管理。将持证人的姓名、单位、证件号码、血型、照片、指纹等重要信息进行编码，并且通过多种加密方式对数据进行加密，可有效地解决证件的自动录入及防伪问题。此外，证件的机器识读能力和防伪能力是新一代证件的标志。

4. 交通管理应用

二维码在交通管理中的应用主要应用环节有：行车证驾驶证管理、车辆的年审文件、车辆的随车信息、车辆违章处罚、车辆监控网络。

行车证驾驶证管理：采用印制有二维码行车证，将有关车辆上的基本信息，包括车驾号、发动机号、车型、颜色等车辆的基本信息转化保存在二维码中，信息的数字化和网络化便于管理部门的实时监控与管理。

车辆的年审文件：在自动检测年审文件的过程中实现通过确认采用二维码自动记录的方式，保证通过每个检验程序的信息输入自动化。

车辆的随车信息：在随车的年检等标志上将车辆的有关信息，包括通过年检时的技术性能参数，年检时间，年检机构、年检审核人员等信息印制在标志的二维码上，以便随时查验核实。

车辆违章处罚：交警可通过二维码掌上识读设备对违章驾驶员的证件上的二维码进行识读，系统自动将其码中的相关资料和违章情况记录到掌上设备的数据库中，再进一步通过联网，实现违章信息与中心数据库信息的交换，实现全网的监控与管理。

车辆监控网络：以二维码为基本信息载体，建立局部的或全国性的车辆监控网络。

5. 社会生活的其他方面应用

从当前国内的应用来说，手机二维码发展最快，手机二维码业务已经辐射到了超市、汽车、IT、旅游等多个行业，用户只要用手机扫描印刷在一些平面介质上的二维码，就能通过手机上网获知相关信息，可以轻松获得电子优惠券、超市打折信息、电子门票等应用。企业可以通过这个渠道向自己的特定目标客户群传递自己的商务信息，真正实现精准营销。

手机二维码作为一种全新的信息存储、传递和识别技术迅速地融入到了社会生活当中，二维码将使我们的生活更加低碳便捷，其应用主要包括：

（1）手机上网应用

以前的手机上网需要输入一长串网址，比较麻烦，但是二维码出现后，将减少手机上网的麻烦，只要用手机扫描杂志上或者报纸上的二维码，即可快速识别二维码凭证里的网址，方便手机上网，阅读自己喜欢的相关文章。例如：《骑车游北京》一书，便有许多二维码，通过手机扫描即可快速登录书中所述网址，加强了作者和读者的互动。另外，宣传单上，户外广告都可以加印二维码，手机用户只要用手机扫描，即可快速识别，增加了广告宣传的互动性。

（2）个人名片应用

在日本、韩国，作为二维码电子凭证最多应用之一，便是个人名片。传统纸质名片的携带性以及信息存储性都非常不方便，而名片上加印二维码，方便了名片的存储，用手机扫码名片上的二维码即可将名片上的姓名、联系方式、电子邮件、公司地址等按列存入到手机系统中，并且还可以直接调用手机功能，进行拨打电话，发送电子邮件等。输入电脑归档时，还可以直接扫码解码储存信息，免去手工输入的麻烦。在不久的将来，二维码名片将会越来越普及。

（3）固定资产管理应用

固定资产为企事业单位的重要组成部分，由于固定资产具有价值高，使用周期长、使用地点分散的特点，在实际工作中不容易做到账、卡、物等的一一对应，对实物的使用、监管、变更、置换、维护、损耗、盘点清理等工作带来了一定的难度。对这问题，采用先进的二维条形码技术，赋予每个实物一个唯一的条码标签，从而达到对固定资产实物在企业中的整个生命周期进行跟踪管理，提高资产盘点的准确性。

（4）数据防伪应用

二维码的数据防伪，也被渐渐用于我们的生活当中，目前的二维码演唱会门票，新版火车票以及国航的登机票上的二维码都用了二维码的加密功能，经过手机识别后，是一串加密的字符串。该字符串是需要对应机构的专门的解码软件才可解析出信息，而普通的手机二维码解码软件是无法解析出具体信息的。将一些不便公开的信息，经过二维码加密后，便于明文传播，也做到了防伪，可以预测该应用对于车票类、证件类的应用最为有益。特别是身份证的盗用近年来比较多，将身份证里的一些信息进行加密，可以防止身份证的盗用以及证件的伪造。

（5）溯源类应用

如果你看到菜市场的蔬菜，或者集镇上生猪耳标上的二维码的图案时，千万别惊奇，你只要掏出装有二维码识别软件的手机即可查询到蔬菜、生猪的生产厂家、生产日期、来源以及物流信息。除了二维码凭证类，在中国的二维码应用市场中，二维码溯源是最受生产型企业欢迎的应用，对企业来说，方便了产品跟踪、防止了产品假冒。对消费者来说，安全食品，也是一种购买保障，用得放心，吃得安心。

（6）凭证类应用

二维码凭证应该是目前中国二维码应用中最火的一种，目前被热炒的二维码"月饼"，二维码"麦当劳优惠券"，以及世博会二维码门票、中国互联网大会的二维码签到等等，都是二维码凭证类的一种形式，手机作为二维码被读终端，减少传统纸质凭证的浪费和对环境的污染，另外手机二维码凭证携带的方便性以及便利性都是传统纸质凭证无法替代的。二维码电子凭证对商家的诱惑是巨大的，降低了产品销售的成本、节省了企业资源，促进了企业的信息化管理。

（7）艺术性应用

通过对二维码的了解以及二维码在微博上的出现频率，可以看出民众对于二维码还是非常好奇和感兴趣的，二维码的巨幅广告、二维码 T 恤衫、二维码蛋糕等等，非常有艺术性的二维码应用将会获得更多青年们的青睐。

二维码给人们的生活和工作带来了很多便利。而像灵动快拍这样专注于二维码电子凭证技术应用的公司，不但拥有业内领先的二维影像扫描技术，还具备完善的扫描器和移动终端产品线，为企业、个人电子商务的管理和实现，提供了强大的管理体系。在中国运营商、二维码技术提供商、二维码服务提供商以及众多企业对二维码的推动下，二维码会更加普及。二维码作为物联网时代的一种识别终端，必将改变人民的未来生活，也会使将来的生活更加低碳化。

 **材料阅读**

二维码名片制作步骤

步骤一：在安卓市场（或其他市场）中搜索"二维码生成器 QR Droid"，下载并安装；

步骤二：在手机中输入要做二维码的联系人信息；

步骤三：启动"二维码生成器（QR Droid）"软件；

步骤四：选择联系人（即从联系人中选择，生成名片），可以对其中的信息进行修改（不会对手机的通信录进行编辑，修改的内容只会对本次生成的二维码产生影响），确定信息无误后点右上角的转换图标，可能会有个提示信息，直接点"是"；

步骤五：程序将自动生成一张二维码图片；

步骤六：按右下角存盘按钮，重新取个文件名，点"存储"；

步骤七：将保存好的二维码文件拷贝出来，提供给制作名片的单位，将二维码放在名片正面适当位置。

第二节　射频识别 RFID

 任务描述

　　了解 RFID 系统的基本组成、技术优势，熟悉 RFID 技术的应用，理解 RFID 应用系统的工作流程，掌握 RFID 电子标签的分类及其特点。

 任务分析

　　RFID 技术与互联网、通讯等技术相结合，可实现全球范围内物品跟踪与信息共享。RFID 技术应用于物流、制造、公共信息服务等行业，可大幅提高管理与运作效率，降低成本。

一、什么是射频识别 RFID 技术

　　射频识别技术（fadio frequency identification，RFID）是一种非接触式自动识别技术，其

基本原理是利用射频信号及其空间耦合、传输特性，实现对静止的或移动中的待识别物品的自动机器识别。射频专指具有一定波长可用于无线电通信的电磁波射频识别技术，以无线通信和存储器技术为核心，伴随着半导体和大规模集成电路技术的成熟而进入实用化阶段。RFID 标签具有体积小、容量大、寿命长、可重复使用等特点，可支持快速读写、非可视识别、移动识别、多目标识别、定位及长期跟踪管理。RFID 技术与互联网、通讯等技术相结合，可实现全球范围内物品跟踪与信息共享。RFID 技术应用于物流、制造、公共信息服务等行业，可大幅提高管理与运作效率，降低成本。

二、 RFID 应用系统的基本组成

1. 电子标签（Tag）

由耦合元件及芯片组成，每个标签具有唯一的电子编码，附着在物体上标识目标对象，并存储被识别物的相关信息，如产品编号、品名、规格、颜色、位置及其他种类信息。

2. 读写器（Reader）

负责读取/写入电子标签上的数据，起到连接电子标签与后台系统的基础作用。目前 RFID 读写器产品类型较多，可设计为手持式、固定式及各种 OEM 方式，部分产品可以实现多协议兼容。

3. 天线（Antenna）

负责无线电信号的感应，在标签和读取器间传递射频信号，分为标签天线和读写器天线，天线设计对 RFID 读取性能有较大影响。

4. 后台系统

负责信息收集、过滤、处理传送和利用，并提供信息共享机制。包括 RFID 中间件、公共服务体系和应用系统。

三、 RFID 电子标签

电子标签又称射频标签、应答器或数据载体。电子标签与读写器之间通过耦合元件实现射频信号的空间（无接触）耦合；在耦合通道内，根据时序关系，实现能量的传递和数据的交换。

RFID 标签主要分为被动标签和主动标签两种。

1. 主动标签

也称为有源标签，自身带有电池供电，读/写距离较远（几米至数百米），体积较大，与被动标签相比成本更高，一般具有较远的阅读距离，不足之处是电池不能长久使用，能量耗尽后需更换电池；

2. 被动标签

也称为无源标签，在接收到读写器（读出装置）发出的微波信号后，将部分微波能量转化为直流电供自己工作，一般可做到免维护，成本很低并具有很长的使用寿命，比主动标签更小也更轻，读写距离则较近（几厘米至数十米），相比有源系统，无源系统在阅读距离及适应物体运动速度方面略有限制。

四、　RFID 读写器

读写器又称阅读器或读头，它是负责读取或写入标签信息的设备。读写器的频率决定了射频识别系统的工作频率。同时，读写器的功率直接影响了识别的距离。读写器和电子标签的所有行为都由应用软件来控制完成。在系统结构中，应用软件作为主动方对读写器发出各种指令，而读写器则作为被动方对应用软件的各种指令做出响应。读写器接收到应用软件的指令以后，根据指令的不同，对电子标签发出不同的指令，与之建立通信关系。电子标签接收到读写器的指令，对指令进行响应。在这个过程中，读写器变成了主动方，而电子标签则是被动方。

1. 读写器的基本功能

①读写器与电子标签的通信功能：在规定的技术条件下读写器可与电子标签进行通信；

②读写器与计算机的通信功能：读写器可以通过标准接口如 RS‐232 等与计算机网络连接，并提供下列信息以实现多个读写器在系统网络中的运行：本读写器的识别码，本读写器读出电子标签信息的日期和时间，本读写器读出的电子标签的信息；

③读写器能在读写区内查询多个标签，并能正确区分各个标签；

④读写器可以对固定对象和移动对象进行识别；

⑤读写器能够提示读写过程中发生了错误，并显示错误的相关信息；

⑥对于有源标签，读写器能够读出电池信息，如电池的总电量，剩余电量等；

2. 读写器的基本组成

如图 3‐1 所示，各种读写器虽然在耦合方式、通信流程、数据传输方法，特别是在频率范围等方面有着根本的差别，但是在功能原理上，以及由此决定的构造设计上是十分类似的。读写器一般是由天线，射频模块和控制模块构成。

五、　RFID 应用系统的工作流程

①读写器内部自发产生一个载波信号，该信号通过读写器的发射天线向外发射；

②当电子标签位于读写器所发射电磁波的有效覆盖区域内时，电子标签被激活，经调制后将自身信息的代码经标签天线发射出去；

③读写器的天线接收到从电子标签传来的有效信号；

④读写器对该信号进行解码后，通过串口或网络等将有用的信息上传给应用系统；

⑤在应用系统中通过各种处理对该信号进行利用。

RFID 应用系统原理图如图 3‐2 所示。

六、　RFID 的优势

RFID 是一项易于操控，简单实用且特别适合用于自动化控制的灵活性应用技术。可自由工作在各种恶劣环境下：短距离射频产品不怕油渍、灰尘污染等恶劣的环境，可以替代条码，例如用在工厂的流水线上跟踪物体；长距射频产品多用于交通上，识别距离可达几十米，如自动收费或识别车辆身份等。射频识别系统主要有以下几个方面系统优势：

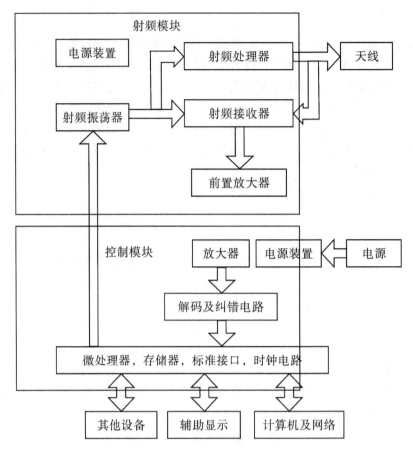

图 3-1　读写器的构成

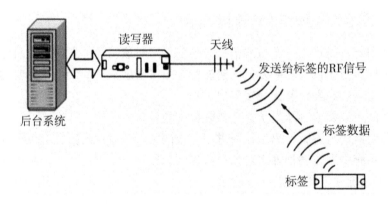

图 3-2　系统原理图

1. 读取方便快捷

数据的读取无须光源，甚至可以透过外包装来进行。有效识别距离更大，采用自带电池的主动标签时，有效识别距离可达到 30 米以上。

2. 识别速度快

标签一进入磁场，解读器就可以即时读取其中的信息，而且能够同时处理多个标签，实现批量识别。

3. 数据容量大

数据容量最大的二维条形码（PDF417），最多也只能存储 2725 个数字；若包含字母，存储量则会更少；RFID 标签则可以根据用户的需要扩充到数 10K。

4. 使用寿命长，应用范围广

其无线电通信方式，使其可以应用于粉尘、油污等高污染环境和放射性环境，而且其封闭式包装使得其寿命大大超过印刷的条形码。

5. 标签数据可动态更改

利用编程器可以向标签写入数据，从而赋予 RFID 标签交互式便携数据文件的功能，而且写入时间相比打印条形码更少。

6. 更好的安全性

不仅可以嵌入或附着在不同形状、类型的产品上，而且可以为标签数据的读写设置密码保护，从而具有更高的安全性。

7. 动态实时通信

标签以与每秒 50~100 次的频率与解读器进行通信，所以只要 RFID 标签所附着的物体出现在解读器的有效识别范围内，就可以对其位置进行动态的追踪和监控。

七、 RFID 的应用

短距离射频识别产品不怕油渍、灰尘污染等恶劣的环境，可在这样的环境中替代条码，例如将其用在工厂的流水线上跟踪物体。

长距射频识别产品多用于交通上，识别距离可达几十米，如自动收费或识别车辆身份等。

（1）采用车辆自动识别技术，使得路桥、停车场等收费场所避免了车辆排队通关现象，减少了时间浪费，从而极大地提高了交通运输效率及交通运输设施的通行能力。

（2）在自动化的生产流水线上，整个产品生产流程的各个环节均被置于严密的监控和管理之下。

（3）在粉尘、污染、寒冷、炎热等恶劣环境中，远距离射频识别技术的运用改善了卡车司机必须下车办理手续的不便。

（4）在公交车的运行管理中，自动识别系统准确地记录着车辆在沿线各站点的到发站时刻，为车辆调度及全程运行管理提供实时可靠的信息。

（5）在设备管理中，RFID 自动识别系统可以将设备的具体位置做与 RFID 读取器做绑定，当设备移动出了指定读取器的位置时，记录其过程。

RFID 电子标签的技术应用非常广泛，典型应用有：动物晶片、门禁控制、航空包裹识别、文档追踪管理、包裹追踪识别、畜牧业、后勤管理、移动商务、产品防伪、运动计时、票证管理、汽车晶片防盗器、停车场管制、生产线自动化、物料管理等等。

材料阅读

基于 RFID 技术的小区安防系统设计解决方案

在小区的各个通道和人员可能经过的通道中安装若干个阅读器，并且将它们通过通信线路与地面监控中心的计算机进行数据交换。同时在每个进入小区的人员车辆上放置安置有 RFID 电子标签身份卡，当人员车辆进入小区，只要通过或接近放置在通道内的任何一个阅读器，阅读器即会感应到信号同时立即上传到监控中心的计算机上，计算机就可判断出具体信息(如：是谁，在哪个位置，具体时间)，管理者也可以根据大屏幕上或电脑上的分布示意图点击小区内的任一位置，计算机即会把这一区域的人员情况统计并显示出来。同时，一旦小区内发生事故(如：火灾、抢劫等)，可根据电脑中的人员定位分布信息马上查出事故地点周围的人员车辆情况，然后可再用探测器在事故处进一步确定人员准确位置，以便帮助公安部门准确快速的方式营救出遇险人员和破案。

第三节 近场通信技术(NFC)

 任务描述

了解近场通信技术的发展现状，理解近场通信技术的特点，熟悉近场通信的主要技术方案和应用领域，掌握近场通信技术与 RFID 技术的区别。

 任务分析

近场通信将 RFID 与互联互通技术整合，在单一芯片上结合感应式读卡器、感应式卡片和点对点的功能，能在短距离内与兼容设备进行识别和数据交换。通过 NFC，电脑、数码相机、手机、PDA 等多个设备之间可以很方便快捷地进行无线连接，进而实现数据交换和服务。

一、 什么是近场通信技术

近场通信(near field communication，NFC)，又称近距离无线通信，是一种短距离的高频无线通信技术，允许电子设备之间进行非接触式点对点数据传输，在 10 厘米(3.9 英寸)内，交换数据。这个技术由 RFID 演变而来，是由飞利浦公司发起，由诺基亚、索尼等著名厂商联合主推的一项无线技术。

NFC 将 RFID 与互联互通技术整合，在单一芯片上结合感应式读卡器、感应式卡片和点对点的功能，能在短距离内与兼容设备进行识别和数据交换。这项技术最初只是 RFID 技术和网络技术的简单合并，现在已经演变成一种短距离无线通信技术，发展态势相当迅速。

与 RFID 不同的是，NFC 具有双向连接和识别的特点，工作于 13.56MHz 频率范围，作用距离 10 厘米左右。

NFC 芯片装在手机上，手机就可以实现小额电子支付和读取其他 NFC 设备或标签的信息。NFC 的短距离交互大大简化整个认证识别过程，使电子设备间互相访问更直接、更安全和更清楚。通过 NFC，电脑、数码相机、手机、PDA 等多个设备之间可以很方便快捷地进行无线连接，进而实现数据交换和服务，如图 3-3 所示。

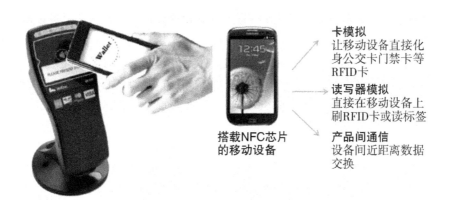

图 3-3 NFC 技术

二、 NFC 在移动互联网行业的发展状况

由于移动互联网迅速发展，对移动支付的需求大增，随着 NFC 芯片制造的成熟，最新生产的旗舰级智能设备大部分均搭载 NFC 芯片。根据全球 NFC 设备年度销量报告指出，2011 年搭载 NFC 的手机出货量翻了 10 倍，达到 3 000 万部。ABI Research 最新报告预测称，2013 年年内采用 NFC 技术的移动和消费电子终端出货量至少将达到 2.85 亿部，其中智能手机占相当大一部分。

除此之外，谷歌等互联网公司和一些电信运营商积极推进 NFC 移动支付。谷歌在 2011 年将谷歌钱包推向市场，这也是一项基于 NFC 技术的服务。随后，谷歌和三星联手打造了具有 NFC 功能的 Android 手机 Nexus Prime。2011 年，诺基亚方面也表示要在美国市场力推 NFC。2012 年 4 月，诺基亚便推出了首款支持 NFC 技术的 Windows Phone 手机 Lumia 610，而在此之前，主流的诺基亚 Belle 智能机均具有 NFC 功能。此外，黑莓公司也已经制定和实施明确的 NFC 战略，聚焦差异化以产生新的基于服务的收入流。其他品牌例如 LG、索尼则采取了不同的策略，在其广泛的产品组合中横向整合进 NFC。

在国内，运营商推广 NFC 应用的力度也逐渐增大，纷纷成立支付公司，并将移动支付作为了业务发展的重点。

2012 年，中国联通和招商银行就 NFC 的商用进行合作和研发，11 月推出了首个手机支付产品。2013 年 3 月 8 日，中国联通在移动支付领域再进一步，中国联通个人版手机刷卡器"沃刷"已经正式商用，目前正处于全国推广阶段。

2012 年以来，中国移动与浦发银行达成合作协议。目前，中国移动已经推出 NFC 定制手机，集成中国移动浦发银行联名卡所有功能。中国移动还宣布在 2013 年正式启动 NFC 的商用，包括三星、HTC、华为、中兴等在内的厂商已经先后推出了具有 NFC 功能的手机。

三、 NFC 的技术优势

与 RFID 一样，NFC 信息也是通过频谱中无线频率部分的电磁感应耦合方式传递，但两者之间还是存在很大的区别。首先，NFC 是一种提供轻松、安全、迅速的通信的无线连接技术，其传输范围比 RFID 小，RFID 的传输范围可以达到几米、甚至几十米，但由于 NFC 采取了独特的信号衰减技术，相对于 RFID 来说 NFC 具有距离近、带宽高、能耗低等特点。其次，NFC 与现有非接触智能卡技术兼容，目前已经成为越来越多主要厂商支持的正式标准。再次，NFC 还是一种近距离连接协议，提供各种设备间轻松、安全、迅速而自动的通信。与无线世界中的其他连接方式相比，NFC 是一种近距离的私密通信方式。最后，RFID 更多地被应用在生产、物流、跟踪、资产管理上，而 NFC 则在门禁、公交、手机支付等领域内发挥着巨大的作用。

同时，NFC 还优于红外和蓝牙传输方式。作为一种面向消费者的交易机制，NFC 比红外更快、更可靠而且简单得多。与蓝牙相比，NFC 面向近距离交易，适用于交换财务信息或敏感的个人信息等重要数据；蓝牙能够弥补 NFC 通信距离不足的缺点，适用于较长距离数据通信。因此，NFC 和蓝牙互为补充，共同存在。事实上，快捷轻型的 NFC 协议可以用于引导两台设备之间的蓝牙配对过程，促进了蓝牙的使用。

四、 目前 NFC 主要技术方案

1. 全终端方案

全终端方案被 Nokia、NXP 等知名终端和芯片厂商支持，成为移动支付在国际上的主要标准，脱离 SIM 卡采用手机终端上的专用芯片来支持移动支付和安全支付及射频接口。不占用 SIM 卡资源，且应用加载在手机上，如图 3-4 所示。

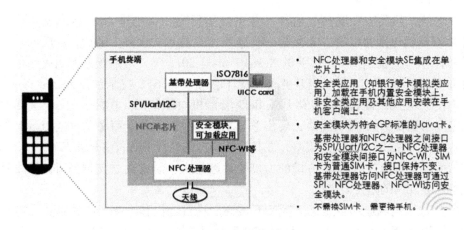

图 3-4　全终端方案架构

2. SWP 方案

SWP 方案由雅思拓、NXP 等厂商联合提出，目前已经成为 ETSI 的标准；该方案在原 NFC 标准基础上，将支付应用与射频模块分离，在移动终端中增加射频模块及天线，SIM 卡需支持 SWP 协议，应用可加载在 SIM 卡中，如图 3-5 所示。

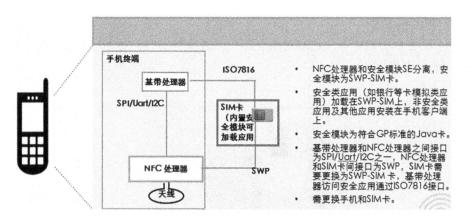

图 3-5　SWP 方案架构

3. 双界面卡方案

目前双界面卡方案有两种：天线集成方案和定制手机方案。

（1）天线集成方案

天线集成方案中的 SIM 卡采用双界面卡芯片，通过 ISO7816 接口与基带相连，实现电信应用，如图 3-6 所示。

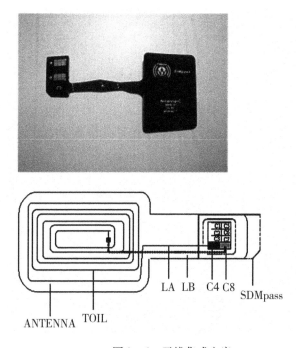

图 3-6　天线集成方案

此方案有如下特点：近场通信应用加载在 SIM 卡上；天线外置，直接与 SIM 卡 C4、C8 管脚连接；天线性能易受手机后盖材质和电池的影响，且部分手机不能安装；天线在使用过程中容易损坏；无须更换手机，需更换 SIM 卡。

（2）定制手机方案

定制手机方案中 SIM 卡采用双界面卡芯片，通过 ISO7816 接口与基带相连，实现电信应用，如图 3-7 所示。

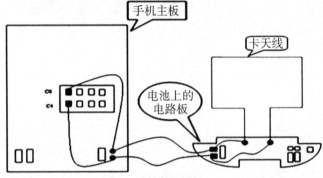

图 3-7　定制手机方案

此方案有如下特点：近场通信应用加载在 SIM 卡上，在终端后盖内侧增加射频天线，天线与 SIM 卡 C4、C8 管脚连接；天线性能易受手机后盖材质和电池的影响，且部分手机不能安装，需更换手机和 SIM 卡。

4. 贴膜卡方案

贴膜卡方案中的贴膜卡属于智能卡的一种，由独立芯片和外置天线构成，如图 3-8 所示。

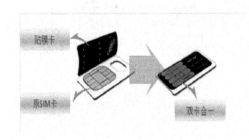

图 3-8　贴膜卡方案

60

此方案有如下特点：近场通信应用加载在贴膜卡上，贴膜卡通过 ISO7816 接口与基带和 SIM 卡相连，贴膜卡直接连外置天线，射频天线外置，部分手机不能安装，天线性能易受手机后盖材质的影响，天线在用户使用中容易受到损坏，无须更换手机及 SIM 卡；支持银行或者第三方机构独立拓展支付业务。

5. SD 卡方案

支付 SD 卡是在传统的 SD 卡内部嵌入安全模块 SE 之后形成的新型金融智能 SD 卡。FLASHROM 具备通用存储功能，SE 为安全信息的载体，如图 3-9 所示。

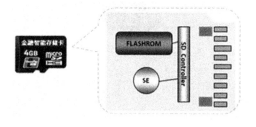

图 3-9 SD 卡方案

此方案有如下特点：近场通信应用加载在 SD 卡上；对 SD 卡硬件接口的两个触点进行了重新定义，用于连接外接天线，外接天线通常为内藏的印刷软质薄型天线，无须更换手机及 SIM 卡，支持银行或者第三方机构独立拓展支付业务。

SD 卡是银联的主要试点方案之一，目前主要业务形态为远程支付。

6. NFC + SD 卡方案

此方案是 NFC 全终端方案和 SD 卡方案的结合，将天线和 NFC 控制芯片置于手机中（同 NFC 全终端方案），SD 卡作为安全模块 SE。

应用加载在 SD 卡上，支持银行或者第三方机构独立拓展支付业务。

五、 NFC 的应用领域

NFC 手机内置 NFC 芯片，组成 RFID 模块的一部分，可以当作 RFID 无源标签使用（用来支付费用），也可以当作 RFID 读写器（用作数据交换与采集）。NFC 技术支持多种应用，包括移动支付与交易、对等式通信及移动信息访问等。通过 NFC 手机，人们可以在任何地点、任何时间，通过任何设备，与他们希望得到的娱乐服务与交易联系在一起，从而完成付款，获取海报信息等。NFC 设备可以用作非接触式智能卡、智能卡的读写器终端以及设备对设备的数据传输链路，其应用主要可分为以下四个基本类型：用于付款和购票、用于电子票证、用于智能媒体以及用于交换、传输数据。同时，NFC 设备可能提供不止一种功能，消费者可以探索了解设备的功能，找出 NFC 设备潜在的功能与服务。

目前已经可见一些 NFC 的典型应用案例。

1. NFC 用于智能媒体

对于配备 NFC 的电话，利用其读写器功能，用户只需接触智能媒体即可获取丰富的信息或下载相关内容。此智能媒体带有一个成本很低的 RFID（嵌入或附加在海报中）标签，可以通过移动电话读取，借此发现当前环境下丰富多样的服务项目。并且手机可以启动移动网络服务请求，并立即按比例增加运营商的网络流量。运营商可以投资这个"即时满足"工具，通过铃声下载、移动游戏和其他收费的增值服务来增加收入，如图 3-10 所示。

2. NFC 用于付款和购票等

最早移动电话上使用的非接触式智能卡是粘到电话中的，也并未通过非接触式卡提供任何增值服务，而且也不利用移动电话的功能或移动电话网络。之后经过改进，虽将非接

移动互联网技术应用基础

图 3 - 10　NFC 用于智能媒体

触式智能卡集成到电话中，但仍然是基于传统智能卡部署的封闭系统。我们现在正见证向NFC 电话发展的趋势，这种电话充分利用移动电话功能和移动电话网络，还提供卡读写器和设备对设备连接的功能，如图 3 - 11 所示。

使用非接触式智能卡的支付方式在美国和亚太地区发展势头良好。Visa、MasterCard和美国运通等信用卡的内置支付程序可以安全地存储在设备上的 IC 内。这样，NFC 电话就可以充分利用现有的支付基础架构，并能够支持移动电话公司的新服务项目。

3. NFC 用于电子票证

电子票证是以电子方式存储的访问权限，消费者可以购买此权限以获得娱乐场所的入场权。整个电子票证购买过程只需几秒钟，对消费者而言非常简捷。在收集并确认了消费者的支付信息后，电子票证将自动传输到消费者的移动电话或安全芯片中。

用户将移动电话靠近自动售票终端，即开始交易。用户与服务设备充分交互，然后通过在移动电话上确认交易，完成购买过程。到娱乐场所时，用户只需将自己的移动电话靠近安装在入口转栅上的阅读器即可，阅读器在检查了票证的有效性后允许进入，如图3 - 12所示。

NFC

移动支付四大渠道

实现方式：NFC手机+非接触式读写器

- 用线上渠道实现线下支付，整合了手机和钱包
- 手机钱包当中可以包含会员信息、优惠信息、支付卡信息、交易信息、票券等
- 随时动态更新和现实具有针对性的优惠促销信息
- 刷卡的同时能够收集到用户的位置信息等，所有这些消费活动都可以将用户的身份以及地理信息有所关联，成为未来本地广告有价值的信息源

运营商计费

实现方式：短信等
支付费用包含在手机账单当中

应用支付

实现方式：银行应用
各大银行都推出了网银APP，用户可以直接通过手机网银进行支付

刷卡支付

实现方式：刷卡器
由Square开创的支付形式，商户通过移动设备以及配套的刷卡器收取顾客的费用

NFC支付

图 3 – 11　NFC 用于付款和购票

8:30 公交刷卡　　9:30 身份认证　　10:50 名片互换

21:30 游戏互动　　20:00 购物支付　　18:50 营销信息

图 3 – 12　NFC 用于电子票证

移动互联网技术应用基础

 材料阅读

NFC 手机校园一卡通

2014 年 9 月 2 日，北京邮电大学"NFC 手机校园一卡通"项目启动仪式在北邮举行。此项目由中国移动北京公司投资，新开普电子股份有限公司承建。项目是基于 NFC 移动支付技术的新一代校园一卡通系统，完全颠覆了原有传统校园卡的发卡方式，实现了教职工和学生随时随地使用 NFC 手机进行校园卡的空中发卡、空中充值等业务，免去了办卡和充值时排队等待的烦恼，有效地将手机和校园一卡通完美结合。

同时，通过手机内的"北邮校园一卡通"应用，本校师生还将体验到 24 小时的余额即时查、补助随时领、账单及时看的全天候服务，真正实现个人一卡通移动化办理。另外，校园一卡通应用平台可以同时下载校园卡和北京市政一卡通卡，两卡并存，除了在校园的用途，还可以刷手机乘坐北京的公交、地铁，到一卡通签约商户消费。

第四节 云计算

 任务描述

了解云计算的概念及其发展现状，理解云计算的特点，熟悉云计算的服务类型。

 任务分析

运用远端"移动云"的高速处理能力，即使智能手机本身性能不高，但只要满足与远端"移动云"的输入输出数据交换，便能够得到理想的结果。因此，"移动云计算"在移动计算领域是重要且有前景的一个方向。

一、 什么是云计算

云计算是网格计算、分布式计算、并行计算、效用计算、网络存储、虚拟化和负载均衡等传统计算机技术和网络技术发展融合的产物。它旨在通过网络把多个成本相对较低的计算实体整合成一个具有强大计算能力的整体系统，并借助 SaaS、PaaS、IaaS、MSP 等先进的商业模式把这强大的计算能力部署到终端用户手中。云计算的一个核心理念就是通过不断提高"云"的处理能力，进而减少用户终端的处理负担，最终使用户终端简化成一个单纯的输入输出设备，并能按需享受"云"的强大计算处理能力。

云计算是一种商业计算模型，它将计算任务分布在大量计算机构成的资源池上，使用户能够按需获取计算力、存储空间和信息服务。

这种资源池称为"云"。"云"是一些可以自我维护和管理的虚拟计算资源，通常是一些大型服务器集群，包括计算服务器、存储服务器和宽带资源等。云计算将计算资源集中起来，并通过专门软件实现自动管理，无须人为参与。用户可以动态申请部分资源，支持各种应用程序的运转，无须为烦琐的细节而烦恼，能够更加专注于自己的业务，有利于提

高效率、降低成本和技术创新。云计算的核心理念是资源池，这与早在 2002 年就提出的网格计算池的概念非常相似。网格计算池将计算和存储资源虚拟成为一个可以任意组合分配的集合，池的规模可以动态扩展，分配给用户的处理能力可以动态回收重用。这种模式能够大大提高资源的利用率，提升平台的服务质量。

之所以称为"云"，是因为它在某些方面具有现实中云的特征：云一般都较大；云的规模可以动态伸缩，它的边界是模糊的；云在空中飘忽不定，无法也无须确定它的具体位置，但它确实存在于某处。之所以称为"云"，还因为云计算的鼻祖之一亚马逊公司将大家曾经称为网格计算的东西，取了一个新名称"弹性计算云"，并取得了商业上的成功。

有人将这种模式比喻为从单台发电机供电模式转向了电厂集中供电的模式。它意味着计算能力也可以作为一种商品进行流通，就像煤气、水和电一样，取用方便，费用低廉。最大的不同在于，它是通过互联网进行传输的。

二、 云计算的发展现状

由于云计算是多种技术混合演进的结果，其成熟度较高，又有大公司推动，发展极为迅速。Google、亚马逊、IBM、微软和 Yahoo 等大公司是云计算的先行者。云计算领域的众多成功公司还包括 VMware、Salesforce、Facebook、YouTube、MySpace 等。

亚马逊研发了弹性计算云 EC2（elastic computing cloud）和简单存储服务 S3（simple storage service）为企业提供计算和存储服务。收费的服务项目包括存储空间、带宽、CPU 资源以及月租费。月租费与电话月租费类似，存储空间、带宽按容量收费，CPU 根据运算量时长收费。在诞生不到两年的时间内，亚马逊的注册用户就多达 44 万人，其中包括为数众多的企业级用户。

Google 是最大的云计算技术的使用者。Google 搜索引擎就建立在分布在 200 多个站点、超过 100 万台的服务器的支撑之上，而且这些设施的数量正在迅猛增长。Google 的一系列成功应用平台，包括 Google 地球、地图、Gmail、Docs 等也同样使用了这些基础设施。采用 Google Docs 之类的应用，用户数据会保存在互联网上的某个位置，可以通过任何一个与互联网相连的终端十分便利地访问和共享这些数据。目前，Google 已经允许第三方在Google 的云计算中通过 Google App Engine 运行大型并行应用程序。Google 值得称颂的是它不保守，它早已以发表学术论文的形式公开其云计算三大法宝：GFS、MapReduce 和 Bigtable，并在美国、中国等高校开设如何进行云计算编程的课程。相应的，模仿者应运而生，Hadoop 是其中最受关注的开源项目。

IBM 在 2007 年 11 月推出了"改变游戏规则"的"蓝云"计算平台，为客户带来即买即用的云计算平台。它包括一系列自我管理和自我修复的虚拟化云计算软件，使来自全球的应用可以访问分布式的大型服务器池，使得数据中心在类似于互联网的环境下运行计算。IBM 正在与 17 个欧洲组织合作开展名为 RESERVOIR 的云计算项目，以"无障碍的资源和服务虚拟化"为口号，欧盟提供了 1.7 亿欧元作为该项目部分资金。2008 年 8 月，IBM 宣布将投资约 4 亿美元用于其设在北卡罗来纳州和日本东京的云计算数据中心改造，并计划 2009 年在 10 个国家投资 3 亿美元建设 13 个云计算中心。

微软紧跟云计算步伐，于 2008 年 10 月推出了 Windows Azure 操作系统。Azure（译为"蓝天"）是继 Windows 取代 DOS 之后，微软的又一次颠覆性转型——通过在互联网架构上打造新云计算平台，让 Windows 真正由 PC 延伸到"蓝天"上。Azure 的底层是微软全球基础服务系统，由遍布全球的第四代数据中心构成。目前，微软已经配置了 220 个集装箱式数据中心，包括 44 万台服务器。

在我国，云计算发展也非常迅猛。2008 年，IBM 先后在无锡和北京建立了两个云计算中心；世纪互联推出了 CloudEx 产品线，提供互联网主机服务、在线存储虚拟化服务等；中国移动研究院已经建立起 1024 个 CPU 的云计算试验中心；解放军理工大学研制了云存储系统 MassCloud，并以它支撑基于 3G 的大规模视频监控应用和数字地球系统。作为云计算技术的一个分支，云安全技术通过大量客户端的参与和大量服务器端的统计分析来识别病毒和木马，取得了巨大成功。瑞星、趋势、卡巴斯基、McAfee、Symantec、江民、Panda、金山、360 安全卫士等均推出了云安全解决方案。

三、 云计算的特点

1. 超大规模

"云"具有相当的规模，Google 云计算已经拥有 100 多万台服务器，亚马逊、IBM、微软和 Yahoo 等公司的"云"均拥有几十万台服务器。"云"能赋予用户前所未有的计算能力。

2. 虚拟化

云计算支持用户在任意位置、使用各种终端获取服务。用户所请求的资源来自"云"，而不是固定的有形的实体。应用在"云"中某处运行，但实际上用户无须了解应用运行的具体位置，只需要一台笔记本或一个 PDA，就可以通过网络服务来获取各种需超强计算能力的服务。

3. 高可靠性

"云"使用了数据多副本容错、计算节点同构可互换等措施来保障服务的高可靠性，使用云计算比使用本地计算机更加可靠。

4. 通用性

云计算不针对特定的应用，在"云"的支撑下可以构造出千变万化的应用，同一片"云"可以同时支撑不同的应用运行。

5. 高可扩展性

"云"的规模可以动态伸缩，满足应用和用户规模增长的需要。

6. 按需服务

"云"是一个庞大的资源池，用户按需购买，像自来水、电和煤气那样计费。

7. 极其廉价

"云"的特殊容错措施使得可以采用极其廉价的节点来构成云；"云"的自动化管理使数据中心管理成本大幅降低；"云"的公用性和通用性使资源的利用率大幅提升；"云"设施可以建在电力资源丰富的地区，从而大幅降低能源成本。因此"云"具有前所未有的性能价格比。Google 中国区前总裁李开复称："Google 每年投入约 16 亿美元构建云计算数据中心，所获得的能力相当于使用传统技术投入 640 亿美元，节省了 40 倍的成本。"因此，用户可以充分享受"云"的低成本优势，需要时，花费几百美元、一天时间就能完成以前需要数万美元、数月时间才能完成的数据处理任务。

四、 云计算的服务类型

云计算按照服务类型大致可以分为三类：将基础设施作为服务 IaaS、将平台作为服务 PaaS 和将软件作为服务 SaaS，如图 3 – 13 所示。

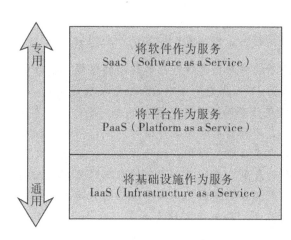

图 3 – 13　云计算服务类型

1. IaaS

IaaS 将硬件设备等基础资源封装成服务供用户使用，如亚马逊云计算 AWS（Amazon Web Services）的弹性计算云 EC2 和简单存储服务 S3。在 IaaS 环境中，用户相当于在使用裸机和磁盘，既可以让它运行 Windows，也可以让它运行 Linux，因而几乎可以做任何想做的事情，但用户必须考虑如何才能让多台机器协同工作起来。AWS 提供了在节点之间互通消息的接口简单队列服务 SQS（simple queue service）。IaaS 最大的优势在于它允许用户动态申请或释放节点，按使用量计费。运行 IaaS 的服务器规模达到几十万台之多，用户因而可以认为能够申请的资源几乎是无限的。同时，IaaS 是由公众共享的，因而具有更高的资源使用效率。

2. PaaS

PaaS 对资源的抽象层次更进一步，它提供用户应用程序的运行环境，典型的如 Google APP Engine。微软的云计算操作系统 Microsoft Windows Azure 也可大致归入这一类。PaaS 自身负责资源的动态扩展和容错管理，用户应用程序不必过多考虑节点间的配合问题。但与此同时，用户的自主权降低，必须使用特定的编程环境并遵照特定的编程模型。这有点像在高性能集群计算机里进行 MPI 编程，只适用于解决某些特定的计算问题。例如，Google APP Engine 只允许使用 Python 和 Java 语言，并基于称为 Django 的 Web 应用框架，调用 Google APP Engine SDK 来开发在线应用服务。

3. SaaS

SaaS 的针对性更强，它将某些特定应用软件功能封装成服务，如 Salesforce 公司提供的在线客户关系管理 CRM（client relationship management）服务。SaaS 既不像 PaaS 一样提供计算或存储资源类型的服务，也不像 IaaS 一样提供运行用户自定义应用程序的环境，它只提供某些专门用途的服务供应用调用。

随着云计算的深化发展，不同云计算解决方案之间相互渗透融合，同一种产品往往横跨两种以上类型。

 ## 材料阅读

云计算和移动互联网结合，催生新的巨大的产业机会

云计算和移动互联网，无疑是当今软件与信息服务业最热门的话题。当移动互联网产业与云计算技术结合，移动云计算成为 IT 行业炙手可热的新业务发展模式。

2009 年 7 月 ABI Research 的一份关于移动云计算的研究报告，提到云计算不久将成为移动世界中的一股爆破力量，最终会成为移动应用的主导运行方式，引起了投资界以及业内人士的高度关注。由于拥有开放的技术接口、分布式的计算理念，超强而又灵活的处理能力，云计算正在被人们所接受。我们看到，经过了一年多的市场培育期，人们将注意力逐渐从对云计算的技术特点和业务模式的分析转向其业务所提供的可用性与响应速度。借助于移动云计算，Google 的手机导航系统，手机语音搜索系统以及 Android 平台上的各种服务的表现已经让人赞叹不已。

美国 Apple 公司的市值 2009 年超越了 Microsoft 的市值，Apple 公司被世界上公认为最有创意和最有价值的 IT 公司，其 CEO Steve Jobs 也被认为是自 2003 年以后，10 年来最明星的 CEO，也证明了移动云计算的重要性。我国投入了万亿规模的 3G 网络的成功也一定必须依赖于类似 Apple AppStore 这样的移动云计算的成功。根据 ABI Research 的最新预测报告，2008 年全球移动云计算用户数量为 4280 万，占全球手机用户数量的 1.1%。未来 5 年移动云计算将进入高速发展时期，到 2014 年全球用户数量将达到 9.98 亿，占全球手机用户的 19%，每年能够以 30 − 50% 的速度发展。

第五节　HTML5

 ## 任务描述

了解 HTML5 的技术优势，熟悉 HTML5 的应用前景。

 ## 任务分析

HTML5 技术在跨平台方面有很大的技术优势，更适用于移动设备的应用，有望打破少数厂商对产业链的垄断，HTML5 的发展前景受到许多业内巨头的青睐，是未来互联网发展的一个重要方向。

一、　为什么需要 HTML5

面对互联网发展的突飞猛进以及多媒体应用的普及，新一代的 Web 标准 HTML5 应运

而生并正加速发展和完善。它弥补了上一版本 HTML4 在交互、媒体和本地操作等方面的不足，支持当前多样的、复杂的 Web 内容。不仅能够取代 FLASH 等音视频播放插件，获得等同本地播放器的操作体验，同时下载更加方便简单，并拥有强大的在线 2D 图像处理能力和良好的互动能力。多种语义化的新标签提高了浏览和搜索的速度，在线/离线数据存储和地理位置功能的支持，也更适用于移动设备的应用，因此虽然最终标准的形成尚待时日，但已经获得了浏览器厂商和互联网企业的广泛支持。

更重要的是，HTML5 的开放性和跨平台运行的特点有望打破少数厂商对产业链的垄断，从而建立起新的应用生态环境，对包括设备、操作系统和应用软件商店在内的整个产业链的发展具有重大的推动作用，因此 HTML5 的发展前景受到许多业内巨头的青睐，被认为是未来互联网发展的一个重要方向。

二、　HTML5 的技术优势

1. 增强的标记能力

HTML5 继承和新增了许多带有语义性的标记，来加速浏览器解释页面中元素的速度。例如新增元素 <header> 明确告诉浏览器此处是页头，<nav> 标记用于构建页面的导航，<article> 标记用于构建页面内容的一部分，<footer> 表明页面已到页脚或根元素部分。同时能够提高搜索引擎的效率，比如搜索引擎可以忽略掉通常不包含页面重要内容的 <nav> 元素和 <footer> 元素里的内容。

2. 全新的交互体验

Web 页面中的交互操作是 HTML5 新增的一项重要功能，HTML5 为此新增了许多对应的交互体验元素。如用于文档的标题、细节、内容的交互显示的内容交换元素 <details> 与 <summary>，用于菜单交互的菜单元素 <menu> 与 <command>，用于显示页面中各种进度状态的状态元素 <progress> 与 <meter>，这些元素可以在不请求服务器任何资源的情况下，改变用户选择的内容与展现状态。

3. 完善的表单功能

在兼容原有表单功能的基础上，又增加了许多新的元素类型，如 email、url、range 等。而且，还新增许多新的方法与属性，如 autofocus、placeholder 等。另外，数据的有效性验证不再依赖脚本语言，完全可以通过 HTML5 自身内建机制实现。

4. 丰富的多媒体元素

在 HTML5 中，新增一个非常重要的元素 canvas，它定义屏幕上一块位图区域作为画布，可以在画布上绘制任意图形(包括导入图片)，可以借助 canvas 自带的 API，通过编写 JavaScript 代码，控制各种图形和制作动画效果。人们将不再需要安装 painter 这类基本的绘图软件，而直接使用基于浏览器的应用。使用 <video> 和 <audio> 标签，将不再需要使用插件或工具即可直接播放视频和音频，能够替代 FLASH 等外部插件。

5. 强大的移动支持

目前制约 Web 应用最大的问题在于网络，有很多地方还没有被网络信号所覆盖，因此 Web 应用也就无法使用。HTML5 的离线存储使得这个问题迎刃而解。HTML5 的 Web Storage API 采用了离线缓存，会生成一个清单文件(manifest file)，这个清单文件实质就是一系列的 URL 列表文件，这些 URL 分别指向页面当中的 HTML，CSS，Javascrpit 图片等相关内容。当使用离线应用时，应用会引入清单文件，浏览器会读取下载相应的文件，并将其缓存到本地。使得这些 Web 应用能够脱离网络使用，而用户在离线时的更改也同样会映射到清单文件中，并在重新连线之后将更改返回应用。

地理位置定位是移动通信中的重要应用。HTML5 通过提供 Geolocation API 应用接口，在用户允许的情况下获取当前的地理位置信息，并为用户提供其他相关的信息。获取地理位置信息后，还可以通过数字地图中的 API 应用接口，将获取的位置信息标记在地图中，从而实现在地图中锁定位置的功能。

三、 HTML5 的应用前景

1. 智能终端

苹果、Google、Palm 纷纷支持 HTML5。而且苹果 Safari 浏览器一经推出，就只支持 HTML5，将 Flash 技术拒之门外。将应用向 HTML5 迁移是很明智的，因为 HTML5 的快速加载、本地/离线存储和地理位置获取将很好地运行在移动设备上。在未来几年，支持 HTML5 的移动浏览器和应用将越来越多，并逐步形成主流。

2. 桌面领域

谷歌 Chrome 浏览器、苹果 Safari 浏览器和 Opera 浏览器一直对 HTML5 有非常出色的支持。例如谷歌联合加拿大著名独立摇滚乐团 Arcade Fire(拱廊之火)，共同推出了一个 HTML5 互动电影《The Wilderness Downtown》，页面上的动画效果皆由 HTML5 技术制作，并且融合谷歌地图和谷歌街景的技术到电影中，达到非常震撼的互动效果。目前微软的 IE10 浏览器对 HTML5 技术的支持已经接近其他的主流浏览器，无疑会使 HTML5 的前景更加光明。

3. 互联网电视

GoogleTV 以及 AppleTV 都已支持 HTML5。互联网电视领域拥有大量的终端设备，可以连接电脑的智能电视的数量正在不断增长，已经可以在电视上全屏观看 YouTube，而备受欢迎的 Wii 则内置了 Opera，Opera 推出电视应用商店同样采用 HTML5 技术。

4. 跨平台应用商店

Mozilla 于 2012 年推出跨平台 HTML5 应用商店，这代表着推进 HTML5 成为下一代手机重要生态系统中非常重要的一步。通过利用 HTML5 开源性，构建一个支持台式电脑、手机和平板电脑的平台，用户不管使用什么设备或操作系统平台，都可以下载和安装自己喜欢的应用，让用户不再局限于一个特定的操作系统，用户只需购买一次应用即可在任何启用 HTML5 的设备上使用。

5. 发行渠道

随着移动互联网业务的蓬勃兴起，人们更愿意使用移动智能终端获取信息和享受音乐，传统的报刊业面临着前所未有的困境，而如果将内容交给苹果的 APP Store 进行发行，则不得不支付的高额手续费。为了解决发行渠道的限制，杂志发行商和音乐服务商已涉足 HTML5 网页应用开发。英国《金融时报》成功开发了 HTML5 网页应用，通过手机直接访问《金融时报》，效果明显，其注册用户超过了 100 万，相当于其在线网页读者的 20%，数码版的订阅量的 15%。

6. 网络游戏

HTML5 网络游戏最大的优势就是平台的兼容性，能够同时支持 Android、iPhone 和 Windows Phone。腾讯旗下的手机 QQ 游戏大厅中的欢乐斗地主、QQ 斗地主等，是国内最早的 HTML5 游戏开放平台之一。2012 年磊友科技也基于 HTML5 推出了大型多人在线策略网游《黎明帝国》的测试版。

 **材料阅读**

HTML5 将成为主流

据统计 2013 年全球将有 10 亿手机浏览器支持 HTML5，同时 HTML Web 开发者数量将达到 200 万。毫无疑问，HTML5 将成为未来 5～10 年内，移动互联网领域的主宰者。

据 IDC 的调查报告统计，截至 2012 年 5 月，有 79% 的移动开发商已经决定要在其应有程序中整合 HTML5 技术。

2012 年 12 月，万维网联盟宣布已经完成对 HTML5 标准以及 Canvas 2D 性能草案的制定，这就意味着开发人员将会有一个稳定的"计划和实施"目标。有很多的文章都在号召使用 HTML5，并大力宣传它的好处。此前，站长之家曾经做过一期调查，调查显示只有 36.16% 的站长正在学习中，另外的 63.76% 表示正在观望中。

从性能角度来说，HTML5 缩减了 HTML 文档，使学习开发变得更简单。从用户可读性上说，原先一大堆东西对初学者来说，第一次看到是看不懂的，而 HTML5 的声明方式对用户来说显然更友好一些。

 **复习思考题**

1. 什么是二维码？二维码可以作什么？
2. 与一维码相比，二维码有哪些优点？
3. 目前得到广泛应用的二维码国际标准有哪些？各有什么特点？
4. 什么是 RFID 技术？RFID 系统由哪几个部件组成？
5. RFID 系统有哪些特点？请写出其工作流程。
6. RFID 电子标签分为哪几类？各有什么特点？
7. RFID 电子标签技术有哪些典型应用？
8. 什么是 NFC 技术？其与 RFID 有什么区别？
9. 目前 NFC 有哪些主要技术方案？
10. 目前 NFC 的典型应用案例有哪些？
11. 什么是云计算？云计算有哪些特点？
12. 云计算有哪些服务类型？各有什么特点？
13. HTML5 有哪些技术优势？
14. HTML5 有哪些应用前景？

第四章　移动互联网产业链

学习完本章之后，你将能够：

- 了解移动互联网产业链的概念和构成；
- 了解全球经济一体化环境下的产业链、产业链的动态变化；
- 了解 IT 及信息化产业链的分析思路；
- 了解移动互联网产业链的形成、发展和特点；
- 了解移动互联网生态系统的组成和特点；
- 了解移动互联网商业模式及其案例。

第一节　产业链的概念

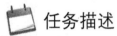 任务描述

了解产业链的概念；产业链的构成。

 任务分析

产业链是指具有某种内在联系的产业集合，是由围绕服务于某种特定需求或进行特定产品生产（或提供服务）所涉及的一系列互为基础、相互依存的产业所构成。

产业链这一词汇，近年来频繁出现。比如：纺织产业链、汽车产业链、新能源产业链、服务产业链、手机产业链等等，应用非常广泛。产业链的本质是用于描述一个具有某种内在联系的企业群结构，它是一个相对宏观的概念，存在两维属性：结构属性和价值属性。产业链中大量存在着上下游关系和相互价值的交换，上游环节向下游环节输送产品或服务，下游环节向上游环节反馈信息。

从现代工业的产业链环节来看，一个完整的产业链包括原材料加工、中间产品生产、制成品组装、销售、服务等多个环节。实际上，任何产业都能形成一条产业链，现实社会中存在着形式多样的产业链，而且众多产业链会相互交织构成产业网。产业链的概念有广义和狭义之分：广义的产业链包括满足特定需求或进行特定产品生产（及提供服务）的所有企业集合，涉及相关产业之间的关系；狭义的产业链则重点考虑直接满足特定需求或进行特定产品生产（及提供服务）的企业集合部分，主要关注产业内部各环节之间的关系。

产业链形成的原因在于产业价值的实现和创造，产业链是产业价值实现和增值的根本

途径。任何产品的价值只有通过最终消费才能实现，否则所有中间产品的生产就不能实现。同时，产业链也体现了产业价值的分割。随着产业链的发展，产业价值由在不同部门间的分割转变为在不同产业链节点上的分割，产业链也是为了实现产业价值最大化，它的本质是体现"1+1＞2"的价值增值效应。这种增值往往来自产业链的乘数效应，它是指产业链中的某一个节点的效益发生变化时，会导致产业链中的其他关联产业的效益相应地发生倍增效应。

有关产业链的理论研究很多，在国内，最有名的两个术语是"微笑曲线"和"6＋1"模型，前者是台湾宏基集团董事长施振荣在90年代提出的，后者是郎咸平在2006年后提出的。

"微笑曲线"用一个开口向上的抛物线来描述个人电脑制造流程中各个环节的附加价值，基本图形见图4－1。

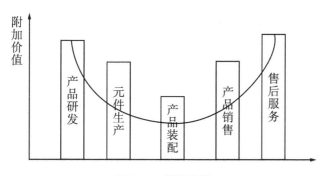

图4－1　微笑曲线

"微笑曲线"向我们揭示了一个现象：在抛物线的左侧（价值链上游），随着显示器、内存、CPU以及配套软件等新技术研发的投入，产品附加价值逐渐上升；在抛物线的右侧（价值链下游），随着品牌运作、销售渠道的建立附加价值逐渐上升；而作为劳动密集型的中间制造、装配环节不但技术含量低、利润空间小，而且市场竞争激烈，容易被成本更低的同行所替代，因此成为整个价值链条中最不赚钱的部分。所谓的"微笑曲线"其实就是"附加价值曲线"，即通过品牌、行销渠道、运筹能力提升工艺、制造、规模的附加价值，也就是要通过向"微笑曲线"的两端渗透来创造更多的价值。后来"微笑曲线"理论被广泛用来阐释在各行业中都存在的知识产权、品牌、服务等要素对产品价值的提升。

针对产业链的各个环节，以及中国在全球产业链中制造大国的地位，郎咸平于2006年提出了"6＋1"产业链理论，其模型如图4－2所示。

郎咸平的"6＋1"模型，结合"微笑曲线"的附加价值理念进行了分析，主要突出中国在生产制造环节中附加价值低的劣势地位，强调了在产业链竞争中向附加价值高的上下游整合的重要意义。

材料阅读

光伏产业链包括硅料、铸锭（拉棒）、切片、电池片、电池组件、应用系统等6个环节。上游为硅料、硅片环节；中游为电池片、电池组件环节；下游为应用系统环节。从全

移动互联网技术应用基础

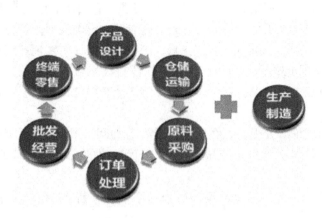

图4-2 郎咸平的"6+1"模型

球范围来看，产业链6个环节所涉及企业数量依次大幅增加，光伏市场产业链呈金字塔形结构。

第二节 如何认识产业链

任务描述

了解全球经济一体化环境下的产业链、产业链的动态变化。

任务分析

全球经济一体化促使了全球产业链的生成，产业链促进了经济和科技的发展，科技和经济的发展促进了产业链的变化。

一、 全球经济一体化环境的产业链

全球经济一体化是指各种生产要素（资金、原材料、人力资源、技术研发等）和商品在全球范围内大规模的配置和流动，跨越国家边界的经济活动日益频繁，使世界各国的经济在每个层面上互相融合，互相依存、互相渗透。主要表现是，国际分工从传统的以自然资源为基础的分工逐步发展成为以现代工艺、技术为基础的分工；从沿着产品界限进行的分工发展到沿着生产要素界限进行的分工；从产业部门间的分工发展到各个产业部门内部的分工和产品专业化为基础的分工；从生产领域分工向服务部门分工发展。

例如iPhone的研发是由美国苹果公司的研发部门主导，同时日本、韩国、中国台湾等相关企业参与配合，分别生产出处理器芯片、触摸屏、传感器等组件，然后由中国珠三角的富士康等工厂组装，经过特定的物流通道返回美国，最后通过苹果全球的销售渠道送达消费者手中。其实，全球一体化已经影响到我们每个人的生活，尤其在互联网时代，我们所使用的产品的服务，基本上都会有全球化的烙印存在。

二、　产业链是动态变化的

回顾历史，人类曾经历过四次重大技术革命，工业革命时代，蒸汽机和铁路时代，电力、钢铁和重型机械制造时代，汽车和大规模生产时代，而目前我们正处于第五次技术革命，是以计算机技术和信息通信技术为标志的。每一次科学技术革命都对人类社会带来了巨大的变化，从国家的兴衰到产业价值链的转移，可谓影响深远。政策、资金、人才、资源、科研等要素，在产业链发展变化中起到了重要的影响作用。

信息技术的发展对全球经济一体化产生了巨大的影响。全球经济一体化的开始于20世纪80年代，这一时期也是第五次技术革命的开始时间，正是 IT 和信息通信技术加速了全球经济一体化的进程。

在这种经济一体化潮流的影响下，社会生产过程在深度和广度上越来越全球化，在硅谷研发，由"世界工厂"——中国生产制造，已经成为某些产品的行业惯例。在相互依存的产业链上下游关系中，任何一个产业要素发生的变化，都会产生如"蝴蝶效应"一般的影响。

图 4 - 3 提供了中国钢铁行业产业链结构及特点的一些分析，我们可以结合更多的数据搜集一些案例，就不难理解中国矿业近年来在海外频繁并购矿业企业的行为。

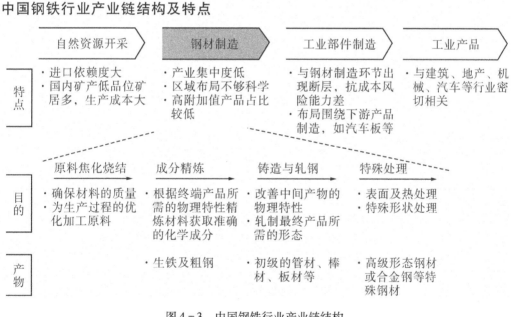

图 4 - 3　中国钢铁行业产业链结构

R. 材料阅读

台湾 PC 代工产业比较发达，随着经济的发展，代工工厂都发生了转移。大部分台湾的 PC 代工厂商转战内地时，选择了以上海为中心的长三角地区。此举是为了降低劳动力、生产成本，台湾其他 PC 代工厂商从上个世纪末开始，逐渐将产能向长三角的中小城市转

移动互联网技术应用基础

移，这促使长三角日渐成为重要的 IT 制造基地。2005 年 9 月，大众电脑宣布关闭最后一家台湾装配工厂，台湾的笔记本生产线已全线转移至内地。自此，长三角成为全球最大的笔记本制造基地，全球近七成的笔记本电脑在这里生产。东芝、三星等跨国巨头也在此前做出战略调整，东芝将海外笔记本生产基地从菲律宾迁到杭州，三星把苏州作为其唯一的笔记本生产基地。长三角的产业地位和生产效率对于全球而言，可谓举足轻重。

第三节　IT 及信息化产业链典型分析思路

 任务描述

了解 IT 及信息化产业链分析思路。

 任务分析

IT 及信息化产业内涵非常丰富，IT 及信息化产业链的主链条抽象为设备、软件、服务三个主要环节。

IT 及信息化产业是全球经济发展的助推器，对于这一产业的分析，可参考图 4-4。

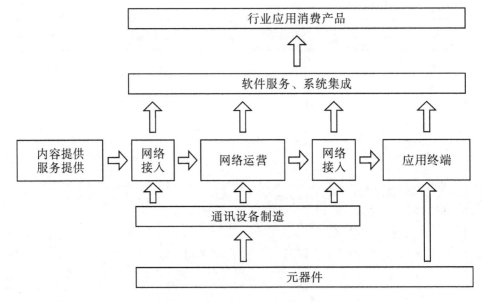

图 4-4　IT 及信息化产业链分析

IT 及信息化产业内涵非常丰富，包括微电子、光电子、软件、计算机、通信、网络、消费电子以及信息服务业等众多领域，但每个领域几乎都涉及设备、软件和服务三大部分。因此，可将 IT 及信息化产业链的主链条抽象为设备、软件、服务三个主要环节。

客户要享用电子信息产品的功能，往往既需要购买硬件产品，也需要购买相关的软件以及服务。设备既包括直接面向消费者的终端设备，也包括用于公共信息平台建设的中间设备(如网络设备)。这些整机设备又主要由芯片及元器件、组件组装形成。

　　软件是电子信息产业链的核心，它是各种硬件设备功能得以实现的必要条件，具有较高的附加值。服务是企业获取更多价值的重要一环，信息服务业已发展成为独立的行业，既包括一般性增值服务，也包括立足于网络的网络增值服务。一般性服务主要是针对软硬件产品开展的增值服务，而网络增值服务是立足于三大网络(计算机互联网、电信网、广播电视网)基础之上的服务，这就涉及网络设备设施购置、网络建设及基础运营，同时需要借助软件实现功能。设备产业和软件业又可以细分成研发设计、生产和销售几个环节。

　　我们对于任何一款电子产品、通信服务或者信息化服务都可以参考以上的分析思路。

 材料阅读

　　信息化的概念起源于20世纪60年代的日本，首先是由一位日本学者提出来的，而后被译成英文传播到西方，西方社会普遍使用"信息社会"和"信息化"的概念是70年代后期才开始的。1997年召开的首届全国信息化工作会议，对信息化定义为："信息化是指培育、发展以智能化工具为代表的新的生产力并使之造福于社会的历史过程。信息化代表了一种信息技术被高度应用，信息资源被高度共享，从而使得人的智能潜力以及社会物质资源潜力被充分发挥，个人行为、组织决策和社会运行趋于合理化的理想状态。同时信息化也是IT产业发展与IT在社会经济各部门扩散的基础之上的，不断运用IT改造传统的经济、社会结构从而通往如前所述的理想状态的一个持续的过程。

第四节　移动互联网产业链

 任务描述

　　了解移动互联网产业链的形成、发展和特点。

 任务分析

　　移动互联网，就是将移动通信和互联网二者结合起来，成为一体，其产业链模式更加复杂，更具多样性，前景也更加令人期盼。

　　如第一章概述中讲述到的，移动互联网(mobile internet，简称MI)是将移动通信和互联网二者结合起来，成为一体，是互联网的技术、平台、商业模式和应用与移动通信技术结合并实践的活动的总称，用户借助移动终端(手机、PDA、上网本)通过通信网络访问互联网。移动互联网的出现与无线通信技术"移动宽带化，宽带移动化"的发展趋势密不可分。

　　移动互联网通过智能移动终端，采用移动无线通信方式获取业务和服务，包含终端、软件和应用三个层面。终端层包括智能手机、平板电脑、电子书、MID等；软件包括操作系统、中间件、数据库和安全软件等。应用层包括休闲娱乐类、工具媒体类、商务财经类等不同应用与服务。随着技术和产业的发展，未来LTE(长期演进，4G通信技术标准之一)和NFC(近场通信，移动支付的支撑技术)等网络传输层关键技术也将被纳入移动互联网的范畴之内。

在最近几年里，移动通信和互联网成为当今世界发展最快、市场潜力最大、前景最诱人的两大业务。集两者之大成的移动互联网，其产业链模式更加复杂，更具多样性，在物联网、云计算、大数据等科技热点的推动下，其前景也更加令人期盼。

相信在未来，移动信息化技术会向以下两个方向深度发展。

1. 从产业链架构上优化传统行业

以更智能、快捷方便的形式改变传统行业的方方面面。在此期间，将有无数创新技术、创新商业模式去重新锤炼传统行业，新的进入者将冲击传统行业，能够利用信息化技术"进化"的传统企业得以生存，反之，将被取代。

2. 创造出全新的产业

智慧城市、物联网等充满想象力的产业，目前只是处于导入期，尚未真正形成规模化，随着技术创新与商业模式的成熟，结合充满活力的移动互联网，我们将面临一场更加宏伟磅礴的信息化革命。

一、 移动互联网产业链的形成

移动互联网在近几年来的高速发展，原因在于以下三个方面因素的成熟。

1. 良好的移动数据网络环境

在以短信业务主导，同时提供较低速率的移动通信数据网络时期（大约在 2000 年至 2005 年），运营商成为整个移动互联网产业链中占据绝对主导地位的角色，围绕着彩信、彩铃、WAP 浏览、WAP 阅读等核心业务形成了当时特定时期的移动互联网产业链，其特点是相对封闭，商业模式市场化程度不高，准入机制高，与同时存在的互联网产业链基本上没有太多交集。

2009 年，中国三大移动运营商正式取得工信部发放的 3G 运营牌照，中国移动互联网行业迎来 3G 时代，进入快速发展阶段，中国移动互联网行业呈现出巨大的市场潜力。在整个行业快速发展的同时，移动互联网产业链也在悄然发生着改变。苹果公司"iPhone + APP Store"商业模式和 Google 公司旗下 Android 开放平台的巨大成功，改变了以往由移动运营商主导的产业链结构。种种压力之下，移动运营商也积极参与行业布局，通过与产业链上下游企业展开合作，增强对产业链其他环节的影响力，维持自己对产业链的掌控能力。因而，整个移动互联网产业链逐渐形成了以移动运营商、终端厂商和服务提供商为中心的行业格局。

2000 年以后，爱立信、阿尔卡特、华为等国内外移动通信设备厂商加大了推动 3G 网络的市场化，在全球各国的运营商中，逐步实现 3G 网络的覆盖建设。随着以移动性能好、覆盖范围广著称的 3G 移动通信网络及其技术的不断应用推广，以及 WiFi 为代表的传输速度高、成本价格低廉的无线网络点的增加和扩大，这两者的优势互补与相互结合，在一定程度上实现了无缝无线的宽带网络覆盖，进而提高了受众的用户体验，使得移动互联网用户活跃度日渐提升，移动互联的趋势也愈发明显。

2. 符合用户需求的智能终端

智能手机的概念其实已经存在了十几年了，从 20 世纪 90 年代，IT 厂商推出的 PDA

（personal digital assistant）机型的智能手机，但在近十年时间，功能手机（相对智能手机而言）始终占据了手机市场的绝对份额。直到 2007 年 6 月，苹果公司推出了震撼整个通信、IT 业界的 iPhone 手机，从工业设计、用户 UI 设计、商业模式等各方面都彻底颠覆了以往任何一款所谓的智能手机，用新的概念、标准定义了什么才是用户真正需要的智能手机。

2007 年 11 月，Google 与 84 家硬件制造商、软件开发商及电信营运商组建开放手机联盟共同研发改良 Android 系统。随后 Google 以 Apache 开源许可证的授权方式，发布了 Android 的源代码。第一部 Android 智能手机发布于 2008 年 10 月。Android 逐渐扩展到平板电脑及其他领域上，如电视、数码相机、游戏机等。2011 年第一季度，Android 在全球的市场份额首次超过塞班系统，跃居全球第一。2012 年 11 月的数据显示，Android 占据全球智能手机操作系统市场 76% 的份额，中国市场占有率为 90%。

3. 海量可选择的应用与服务

苹果公司在 iPod 时代就成功的开创了 iPod + iTunes 的商业模式，将 iPod 与 iTunes 完美整合，获得了极大的成功。iPod 用户通过 iTunes，可以轻松找到想要的音乐，便宜的价格，便捷的付费，从外观到内容，苹果为音乐迷提供最好的音乐体验。通过这种模式，苹果很快控制了整个在线音乐服务，向下掌控用户，向上掌控音乐发行商，从而使得 iPod 的人气不断飙升，而 iTunes 的歌曲库和下载量也不断疯狂增长。

苹果在推出 iPhone 的时候，在手机领域复制了同样的商业模式，推出 iPhone + APP Store 模式，利用 iPhone 在早期市场的占有率，在原有的 iTunes 平台上加入了 Appstore 模块，卖手机 + 卖内容的策略继续创造着苹果神话。

苹果之后的谷歌也采取了同样的商业模式，包括诺基亚、三星、索爱等竞争对手。

APP Store 模式成功的聚合了全世界的开发者，形成了围绕 iOS、Android 的庞大手机应用开发产业链，为广大手机用户提供了源源不绝的应用选择，更大的刺激了智能手机在全球市场的扩张。

没有 Appstore 的商业模式创新，凭苹果、谷歌等公司独自的力量开发，是绝对不可能迅速提供出每年数十万 APP 应用程序给广大用户选择的，所以移动互联网的成功，其实也是商业模式的成功，这不同于 PC 时代微软的做法，用户的选择将最终决定商业模式的成功。

二、 电信行业产业链及其商业模式的发展趋势

电信行业在过去曾经是整个 IT 行业的市场主导力量，由于移动互联网的出现，它在整个产业链的作用发生了一些变化。

前面所提到应用、网络、终端三大重要因素，分别对应着电信业中近年流行的云、管、端模式。云管端模式反映了电信行业已经充分认识到开放平台商业模式必将改变整个行业的竞争业态，做出正确的选择才能在激烈变化的移动互联网行业中取得有利的战略位置。

"云管端"的概念由华为率先提出，自从华为提出之后，电信业已经将云管端作为通用的行业术语。"云"代表服务器、存储器等 IT 基础设施、"管"代表路由器、光纤、基站等通信基础设施，"端"则代表终端、OS 及其应用，三者构成了端到端的基础设施，如图 4 - 5 所示。

国家示范性中等职业技术教育精品教材

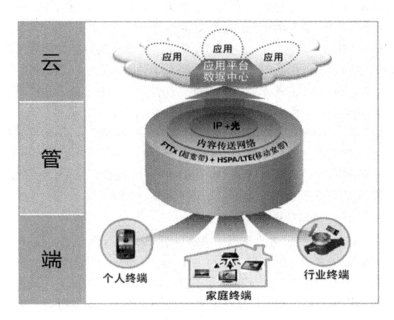

图4-5 云管端模式

　　云管端模式的显著特征，从需求方来看是 on－demand 即按需分配模式，从供给方来看就是弹性化、资源池、虚拟化和分布式等。在未来端到端的基础设施中，不论是存储、计算、传输还是终端呈现，都将按云模式（而不仅仅是云计算）重新部署，以实现更高效的资源供需匹配。电信业的智能管道概念也明确了网络能力的云化，智能在云中，其最被人认知的技术特征——分忙闲时、分终端、分业务、分客户群提供变速率、差异化 QoS 的通信服务也定义了未来在网络上可实现的 on－demand 模式。

　　过去的电信业务是以语音为主导，而现在是以数字内容为主，以及各种各样的商业模式变得非常复杂，整个产业链变得非常复杂的情况下，供应方有上百万的开发商、媒体以及广告商等等企业，而需求方有几十亿的用户，有各种各样的行业，有各种各样的终端，作为运营商会以更低的共享成本，更合理的资源配置，起到一个核心的作用。这样的商业模式，理论界或者学界把它叫作"双边的商业模式"，一边是供应商，一边是客户，运营商把它整合在一起，从而打通整个产业链。

　　按照华为模式构建的开放平台（见图4-6），将电信业平台作为实现应用与服务的承载基础提供给具备广阔市场的医疗、教育、交通、电力等行业，实现大平台上的开放合作与共赢。而云管端模式中最重要的一环无疑就是随时随处可以见到的移动端，这也正是未来移动互联网的优势地位。

三、 当前移动互联网产业链的特点

　　无论是具备平台到端的应用商店模式，还是电信业的云管端模式，在商业模式上都充分考虑了多边利益，在竞争与合作的环境下为用户提供更大的便利。

　　当前的移动互联网产业链，发展迅速，具备着鲜明的特点，这些特点在一定程度上促进了整个互联网产业链的商业模式进化，也留下了许多不确定因素。归纳下来主要的特点

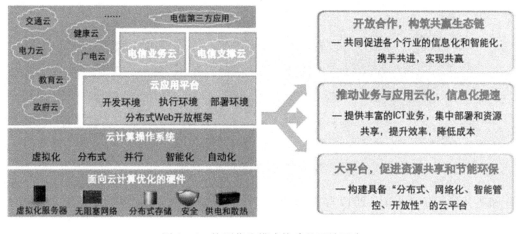

图 4-6　按照华为模式构建的开放平台

如下。

1. 终端和应用入口成为产业链竞争的焦点

桌面互联网时代的搜索引擎、即时通信、社交网络、电子商务等入口竞争日趋平稳，传统的巨头们并没有将优势继承到移动端。得移动端入口者得天下，目前在移动端的浏览器、APP、即时通信、地图应用等都出现了拥有过亿用户的厂商，并且随着移动端的用户数量快速增长还将有更多的 APP 冲击这一门槛。

目前国内过亿的移动应用有：腾讯 QQ、微信、新浪微博、淘宝、360 手机安全卫士、搜狗手机输入法、UC 浏览器、美图秀秀、高德地图、墨迹天气、91 手机助手、Camera360 等。

2. 产业链各个环节高度关注用户体验

移动端的用户体验与传统桌面用户体验有很大的区别，屏幕、电池续航能力、智能传感器技术的利用等各种因素都影响到用户体验，在高度竞争的产业环境下，提升用户体验成为产业链各个环节高度关注的课题。

3. 移动互联网已经成为互联网主导入口，并且增长趋势将持续

2010 至 2012 年，全球经历了从互联时代向移动互联时代的变迁。在这两年中，移动设备（包括智能手机和平板电脑）的出货量从 3.5 亿部攀升到 10 亿部；而同期传统 PC（包括台式机和笔记本电脑）的出货量仅仅从 3.5 亿部增长到 3.53 亿部。移动设备已经全面超越个人电脑，成为不可或缺的关键设备。IDC（Internet Data Center，即互联网数据中心）数据显示，移动互联设备已经取代了个人电脑，成为网民上网的主要入口。

这一现象在亚太地区显得尤为突出，全球接入网络设备占比情况如图 4-7 所示。

据研究机构 Chetan Sharma Consulting 发布的报告，2012 年全球移动行业市场规模达到 1.5 万亿美元，接近全球 GDP 的 2%。而业界普遍预测，移动互联网未来创造的产值将超过传统互联网 10 倍以上，是最有可能成为规模最大、发展速度最快的新兴产业。

4. 新兴国家将成为移动互联网的主要市场

以中国为首的新兴国家（Emerging Market）将成为未来移动互联发展的主要市场。从智

移
动
互
联
网
技
术
应
用
基
础

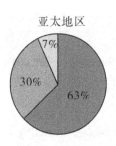
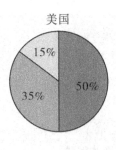

亚太地区　　　　　美国　　　　欧洲、中东、非洲

■智能手机 ■电脑 □平板　　　数据来源：IDC，2012年第二季度

图4-7　全球接入网络设备占比情况

能手机整体使用量上来说，2012年第四季度，中国智能手机使用量为2.7亿，高居榜首。巴西(0.55亿)、印度(0.44亿)分列第四和第五位。同时，中国、印度、和俄罗斯的智能手机使用人数均以接近或超过50%的年增长速度高速上扬(印度52%、中国50%、和俄罗斯44%)。在新兴国家中全球领先的智能手机使用量、接近50%的增长速度、巨大的人口基数保证了未来移动互联的增长空间，如表4-1所示。

表4-1　新兴国家智能手机市场情况

国家	智能手机使用量（百万）	使用量全球排名	智能手机使用量增长率(%)	智能手机渗透率(%)
中国	270	1	50	24
巴西	55	4	35	20
印度	44	5	52	4
俄罗斯	22	11	44	9

5. 整个移动互联网产业链的盈利模式并没有成熟，新的商业模式仍在尝试和摸索中

移动互联不仅仅是将之前互联网上的内容转移到手机、平板电脑等移动终端。移动终端的便携性和实时连线的特性赋予了人们无限创新的可能。新的商业模式不断涌现。在各细分行业中，移动互联有可能颠覆和重构过去的商业模式，也有可能取代或延伸之前的商务模式。虽然未来的变化难以预测，但可以肯定的是，人们的生活方式将被移动互联彻底改变，这种改变堪比在过去的二十年中互联网对人们生活方式的改变。

探索出一条可持续的商业模式是全球移动互联产业共同研究的课题。现在仍没有一套达成共识的、完美的商业模式可供移动互联企业应用。就连具有传奇色彩的Facebook，至今也没有能够实现盈利。

在国内，以移动支付为例，中国移动金融发展仍然处于起步阶段，表现在整体普及率还比较低，多数移动金融业务与产品还处于试用阶段，产业链各方尚未形成成熟的商业模式，整体上还处于探索期。

同样的问题也存在于移动广告、移动游戏等领域，一切都在发展，但又充满变数。

6. 终端应用与云计算的结合是主流，并促使涌现出众多应用商店与开放平台

即使是强大如苹果这样的巨头，利用了iPhone + APP Store的商业模式，出现在互联网产业链的各个环节，并已经形成了属于自己的生态系统，但是仍然无法做到一家独大，各业务环节始终受到来自谷歌、微软、甚至是跨行业巨头（如亚马逊）的挑战。也就是说，在移动互联网整个大生态系统内，存在各大巨头主导的小生态系统，它们之间相互竞争、共同发展。如苹果、谷歌、微软、亚马逊在移动互联产业都拥有一个独立的、成熟的生态系统。这种自由竞争形态，充分激发着从业人员的创新潜力，使其产业保持活力。

目前全球市场占有率最高的三大移动设备操作系统分别是 iOS、Android 和 Windows Mobile。而自从 2008 年 7 月首家 APP 商店面世以来，如今用户可以通过不同商店，在不同平台上获得超过 100 万个应用程序。手机网站数量也以每年 11% 的增长率增加，例如，到 2012 年 12 月，美国用户拥有的手机网站数量达到 28.6 万个。

7. 移动互联网的安全问题凸显

与互联网一样，移动互联网也需要经受信息安全的考验。移动设备为用户提供了另一个上网的渠道，同时也给不法分子提供了另一个犯罪场所。无所不在的网络、便捷的信息发布和传播渠道、智能化的可移动终端、更具个性化的上网行为，使得移动互联网的安全管理更加复杂。近年来，手机病毒增速明显加快。根据网秦统计数据显示，截至 2008 年，全球手机病毒种类才 400 多种，而仅 2012 年第三季度查杀手机病毒软件就达到 23375 款。

不光是手机病毒的肆虐，其他手机诈骗、恶意收费等移动互联不法现象也不断曝光，受到广泛关注。

同时，移动社交应用的兴起（如微博、微信等），使得消息的传播更快、更不可控制，给现有的信息安全带来了很大的挑战。此外，与传统互联网不同，手机里可能含有更多个人信息（如电话簿、相册、录音等），手机用户隐私泄露等安全隐患也更为突出。

 材料阅读

第四代移动电话行动通信标准，指的是第四代移动通信技术，外语缩写：4G。该技术包括 TD-LTE 和 FDD-LTE 两种制式（严格意义上来讲，LTE 只是 3.9G，尽管被宣传为 4G 无线标准，但它其实并未被 3GPP 认可为国际电信联盟所描述的下一代无线通讯标准 IMT-Advanced，因此在严格意义上其还未达到 4G 的标准。只有升级版的 LTE Advanced 才满足国际电信联盟对 4G 的要求）。4G 是集 3G 与 WLAN 于一体，并能够快速地传输数据、高质量、音频、视频和图像等。4G 能够以 100Mbps 以上的速度下载，比目前的家用宽带 ADSL（4 兆）快 25 倍，并能够满足几乎所有用户对于无线服务的要求。此外，4G 可以在 DSL 和有线电视调制解调器没有覆盖的地方部署，然后再扩展到整个地区。很明显，4G 有着不可比拟的优越性。

第五节　当前典型移动互联网生态系统简介

 任务描述

了解移动互联网生态系统的组成和特点。

任务分析

从移动浏览业务、移动搜索业务、移动即时通信和移动电子商务来学习当前典型移动互联生态系统。

移动互联网产业链涵盖的范围相当广泛，几乎已经渗透到了我们生活的方方面面，并且还在不断地发展进化。

图4-8展示了移动互联网产业所涉及的业务类型，几乎每一业务类型都可以作为一个规模化的产业链进行分析，并且随着技术与市场的变化衍生出更多可能性。

图4-8所展示的移动互联网的各个业务分支，都形成了庞大的上下游企业群落，在激烈的竞争中蓬勃发展着。在移动互联网领域，运营商已不再拥有强势地位，而是被迫站在了同一起跑线上与众多终端厂商、互联网创业者等展开了新一轮竞赛。

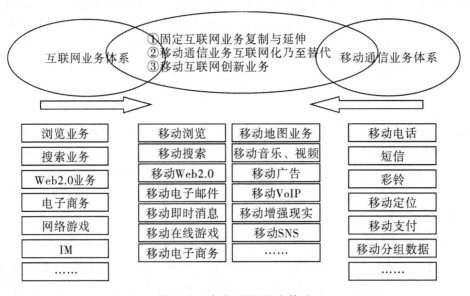

图4-8　移动互联网业务体系

一、 移动浏览业务

从互联网时代一开始，浏览器作为流量入口就成为兵家必经之地。PC浏览器方面，IE仍占据榜首位置，份额达54.8%。排名第二的Firefox收回了10月丢失的一点失地，份额升至20.4%。Chrome份额跌至17.2%，Safari和Opera的份额则分别为5.3%和1.7%，环比基本不变。

移动浏览业务即手机浏览器。移动互联网的来临，让整个浏览器市场形势更加复杂，手机浏览器的参与者更多，竞争更加激烈。

截至2013年1月，在全球移动浏览器市场上，苹果Safari移动浏览器的市场份额为61.0%，Android浏览器份额为21.5%，而Opera Mini仅获得了9.8%的份额，Chrome浏览器和微软IE浏览器紧随其后。

国内市场情况，根据艾瑞咨询集团（iResearch）《2012年中国手机浏览器市场研究报告》中称，2012 年中国手机浏览器用户已超过 3.2 亿人，手机浏览器市场进入爆发期。其中根据艾瑞咨询移动网民行为连续性研究系统（mUserTracker）数据显示，UC 浏览器的月度覆盖人数占据手机浏览器市场总体用户数的 71.2%，优势明显，手机 QQ 浏览器位于第二位，占比为 37.4%。

艾瑞咨询报告分析认为，随着移动互联网加速普及，手机浏览器用户规模增速也逐渐提高。2012 年是 Android 智能机大幅增长的一年，手机浏览器用户增长率较 2011 年有大幅提升。未来几年手机浏览器用户仍会保持快地增长，并且在整体移动互联网网民当中的渗透率不断提升，同时在 2014 年由于移动运营商大力推广 4G 网络的业务，更大地促进手机浏览器用户规模的增加，到 2014 年达到了 4.9 亿人，如图 4-9 所示。

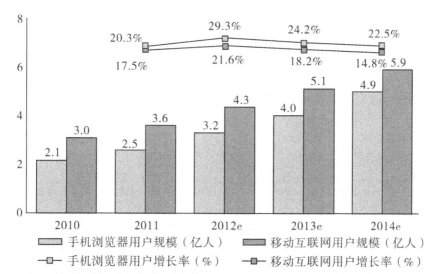

注释：手机浏览器用户是指过去半年使用手机浏览器进行过网页访问的用户

图 4-9　2010—2014 年中国移动互联网及手机浏览器用户规模

同时 mUserTracker 的另一项数据表明，在 iOS 和 Android 两大高端智能平台上，UC 浏览器每月覆盖用户超过一亿人。这也意味着 UC 成为首个在高端智能机平台用户破亿的第三方手机浏览器，如图 4-10 所示。

目前可以确认的趋势是：移动浏览器将侵蚀桌面浏览器的份额，未来浏览器将会变成移动端为主，桌面为辅。

据国外网络调查公司（Net Applications）2013 年初公布的统计数据显示（见图 4-11），移动浏览器过去两年增长了 2 倍，在挑战传统 PC 访问互联网方面取得重大进展。由于用户不断转向智能手机和平板电脑，在线时间由 PC 转移到移动设备上，导致了全球 PC 销量下滑。2013 年 1 月，移动浏览器的使用份额——包括智能手机和平板电脑的浏览——增长了 1.4 个百分点，占 Net Applications 监视的 4 万家网站所有独立访问用户的 13.2%。同时，桌面浏览器使用份额在过去 3 个月下降了 3.1 个百分点，过去 12 个月下降了 6.3 个百分点。

移动互联网技术应用基础

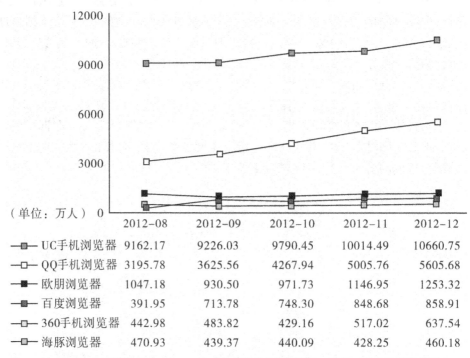

（单位：万人）	2012—08	2012—09	2012—10	2012—11	2012—12
UC手机浏览器	9162.17	9226.03	9790.45	10014.49	10660.75
QQ手机浏览器	3195.78	3625.56	4267.94	5005.76	5605.68
欧朋浏览器	1047.18	930.50	971.73	1146.95	1253.32
百度浏览器	391.95	713.78	748.30	848.68	858.91
360手机浏览器	442.98	483.82	429.16	517.02	637.54
海豚浏览器	470.93	439.37	440.09	428.25	460.18

注：mUserTracker仅监测使用iOS及Android系统的智能终端的用户，使用不同手机浏览器用户有重合部分，因此占比加总超过100%，其中统计的手机浏览器仅包括独立的手机浏览器，不包含应用程序的内置浏览器。

图4－10　智能终端用户第三方手机浏览器

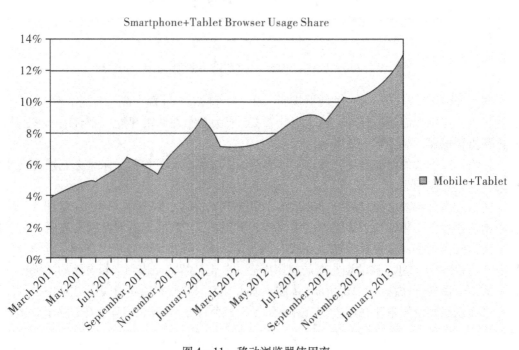

图4－11　移动浏览器使用率

二、　移动搜索业务

移动搜索是指以移动设备为终端，进行对普遍互联网的搜索，从而实现高速、准确地获取信息资源。随着科技的高速发展，信息的迅速膨胀，手机已经成为信息传递的主要设备之一。尤其是近年来手机技术的不断完善和功能的增加，利用手机上网也将成为一种获取信息资源的主流方式。

目前移动搜索已经深入移动互联网网民的生活，成为继即时通讯之后的第二大应用，网民使用手机搜索习惯已经形成，移动搜索引擎在移动互联网发展中显示出强力驱动作用，移动搜索市场将呈现巨大潜力。

根据 IResearch 统计数据，2011～2012 年手机网民上网行为分布情况见图 4-12。

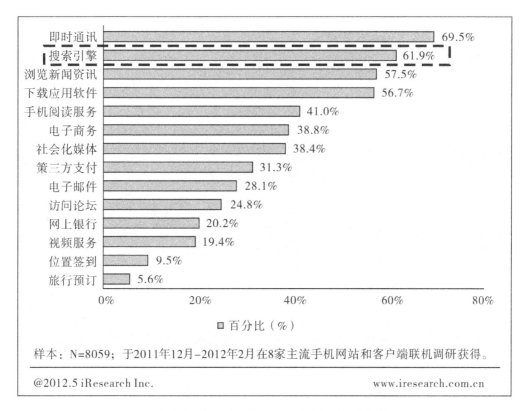

图 4-12　中国手机上网用户手机上网行为分布

随着移动互联网的发展，搜索已经开始显现出一种迹象，即用户通过台式机和笔记本进行的搜索活动正在减少。与此同时，智能手机和平板电脑上的搜索活动则正在大幅增长。移动搜索正在迅速变成消费者找到自己所需要的东西的主要方式，无论是信息、服务、实体产品还是虚拟商品。美国科技博客 Business Insider 下属研究机构 BI Intelligence 于 2012 年在全世界范围内对全球搜索用户进行调查统计，在 2013 年初发布了一份报告，从图 4-13 可见，基于 PC 的搜索量在 2012 年中连续四个同比下滑。

移动端设备的出货量超过 PC，移动端浏览器的业务流量增长而桌面浏览器业务流量下滑，这些都预示着移动搜索业务的美好未来。

移动互联网技术应用基础

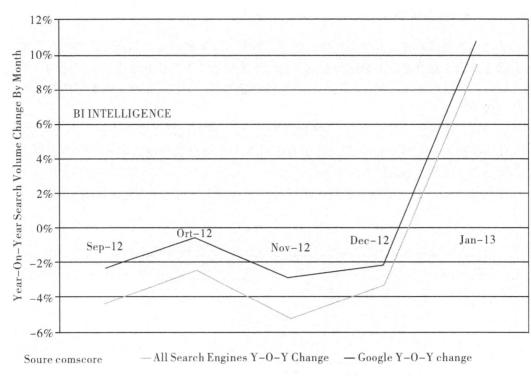

图 4-13　基于 PC 的搜索量变化图

同样，移动搜索业务的商业模式还在摸索当中，尚未形成完善的移动搜索服务，移动搜索的市场竞争形态也尚不明朗。整个产业链的主要企业情况参考图 4-14。

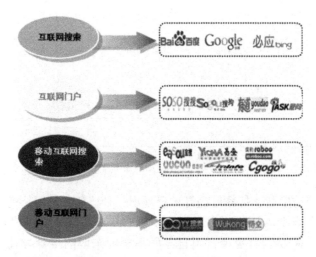

图 4-14　搜索的主要企业

三、 移动即时通信（移动 IM）业务

即时通信（IM）是指能够即时发送和接收互联网消息等的业务。以腾讯 QQ 为代表的即

时通信软件，功能日益丰富，逐渐集成了电子邮件、博客、音乐、电视、游戏和搜索等多种功能。即时通信不再是一个单纯的聊天工具，它已经发展成集交流、资讯、娱乐、搜索、电子商务、办公协作和企业客户服务等为一体的综合化信息平台。

随着移动互联网的发展，即时通信也向移动端迅速扩张，产业链格局也发生了较大的变化。在桌面上取得巨大成功的即时通讯模式，如腾讯 QQ、MSN、Yahoo Messenger 等，在转战移动终端时却显得水土不服。这一方面受限于手机的硬件限制：输入不够便捷、电池寿命有限等；另一方面，由于无线网络的限制，移动互联网常常面临网络中断、速度不稳定等问题，这些因素使得传统的桌面 IM 客户端在移动终端上无法提供最优化的通讯体验。要想获得成功，厂商必须创造出新的适合移动互联网时代的即时通讯模式。

2012 年 CNNIC 第 31 次《中国互联网络发展状况统计报告》中指出，手机即时通信已经成为最热应用，此应用已经成为移动互联网第一大重要入口。

在这个桌面互联网尘埃已定，移动互联网崭新崛起的掘金时代，众多厂商都希望通过掌控移动即时通信市场掌控移动互联网的入口，从而赢得移动互联网大战的先机。

目前比较成功的新型即时通信应用中，与传统通信模式的明显区别在于：

1. 免费

由于所有通信都通过手机网络进行传输，这类软件让用户跳过了电话运营商的限制，实现了近乎免费的便捷通讯。当然，用户可能需要支付少量的网络流量费用。

2. 针对手机优化的轻量级应用体验

许多针对移动端独立开发的即时通信软件，推出时给人的第一印象就是其软件的轻量和简洁。由于开发之初就以移动设备作为设计对象，与直接照搬桌面 IM 模式的手机 QQ、MSN 等客户端相比，类似 Kik Messenger、米聊、Talkbox 这一类软件不仅运行速度飞快，在电池和硬件耗用等方面也相当的节省资源，不会出现动辄失去响应、崩溃。或是手机电池没电的尴尬现象，而这对于用户流畅的交流体验来说是至关重要的。

3. 基于用户已有社会关系

利用已然成熟的手机通信网络，以及在各大社交网络上建立起的社交关系，新型的手机即时通信软件让用户能够迅速地在新的平台上与自己所熟知的联系人建立联系，而无须像传统即时通信中那样劳心费力的从头重建联系人网络。这大大降低了用户使用这些新型工具的入门成本。

腾讯微信于 2011 年 1 月 21 日正式发布，截止至 2013 年 1 月 15 日，微信用户数超过 3 亿。短短两年时间发展到 3 亿，根据互联网数据中心官方微博预测，2013 年将达到 3.8 亿活跃用户。腾讯微信创造了即时通信系统的奇迹。

下面我们可以了解一下国内主要的手机即时通信软件：

1. 腾讯微信

微信是腾讯推出一款 Kik 类的快捷发送文字和照片的手机聊天软件。用户可以通过微信免费给自己的好友发送短信和彩信，所有消息都通过移动网络发送，无须单独费用。

微信最大的优势在于其于与腾讯 QQ 的互动，用户可以直接使用自己的 QQ 号登录微信，并可以方便的邀请自己 QQ 好友加入微

89

信。此外，微信也支持方便的好友搜索、短信邀请、邮件邀请等功能。

2. 米聊

米聊是小米科技出品的一款跨 iPhone、Android、Symbian 平台的手机免费即时通信工具，是国内最早推出基于用户通讯录的第三方聊天软件。用户通过手机网络（WiFi、3G、GPRS）与自己的米聊联系人进行免费的实时的信息沟通，包含文字、语音及图片。米聊既可以像传统 IM 那样通过用户名、用户公开资料进行好友搜索添加，也可以通过用户手机通讯录、社交网络好友、邮箱好友等多种方式自动匹配已经使用米聊的其他社交关系中的好友，还可以为用户推荐其可能认识的其他好友，省去了用户重建联系人网络的麻烦。

3. Talkbox

Talkbox 由香港绿番茄（Green Tomato）科技创业团队出品，是一款专注于语音聊天的手机通讯产品。

手机上进行文字输入往往不够方便，而 Talkbox 采用类似于对讲机的语音通话功能使得用户可以毫不费力的进行语音信息的录制和发送，简便快捷的与好友进行交流，还可以方便地建立小组，与好友们进行语音群聊。TalkBox 还加入了图片和位置元素，用户可以方便地发送图片、共享自己的地理位置。另外，用户还可以将自己的语音信息发布到社交网络上去进行分享，这使得用户获得了多样化的体验。软件自推出以来受到了用户的广泛好评。

4. 移动飞信

飞信是中国移动推出的基于中国移动手机用户的即时通讯产品，其最大特点是与运营商服务实现无缝整合，无论好友是否注册了飞信服务、是否使用飞信客户端，都能方便地进行短信和语音沟通。

得益于其运营商的天然背景，移动飞信在使用时具有相当大的灵活性。除了与飞信好友进行常规的文字聊天外，还可以无缝的实现与非飞信好友的聊天，甚至可以实现无须客户端的群聊功能。此外，飞信的语音聊天虽然是通过移动电话线路进行，但由于资费的优惠和灵活性，及相比基于数据网络的语聊更加稳定的特点拥有其独特吸引力。

5. 个信

个信是由个信互动（北京）网络科技有限公司推出的一款基于手机通讯录的即时通信工具，可以实现与个信好友之间免费互发短信、彩信的功能。

用户可以通过个信客户端方便地对自己的手机好友发送个信邀请，一旦双方都是个信用户，彼此间的所有交流都只需支付微乎其微的流量费用。个信无缝连接了手机和桌面客户端，用户可以在电脑上与好友进行方便的交流。此外，个信还提供手机短信管理，通讯录备份等附加功能。

6. 盛大有你

有你是盛大推出的一款整合手机短信和即时消息，跨平台的即时通信工具，用户无须注册，安装即可使用。

有你客户端支持与有你好友的免费短信发送，也支持与非有你好友的短信交流，不同类型的聊天模式在 UI 上有明显的区分，便于用户辨别。用户可以方便的对非有你好友发送邀请，一切都做得非常自动化和简便。

7. 开心飞豆

开心网将飞豆定义为"支持群发群聊的免费短信"客户端，主打群聊和免费短信功能。用户可以与飞豆好友免费的进行一对一的交流，或是与多位联系人实现方便的群聊，还支持设置私密收件箱，保护用户的隐私。飞豆支持文字和图片信息的发送。

开心飞豆支持从开心网、新浪微博及手机通讯录中导入好友，具有方便的一键好友邀请功能，还能够与开心网的机构用户进行互动，成为其粉丝并发送消息交流。依托于开心网成熟的社交网络实现的快速方便的交流和强大的群聊功能是飞豆的最大特色。

四、 移动电子商务

移动电子商务从广义上讲，是指应用移动终端设备，通过移动互联网进行的电子商务活动；从狭义上讲，是指以手机为终端，通过移动通信网络连接互联网所进行的电子商务活动。移动电子商务受桌面电商市场的影响取得快速发展，成为移动互联网重要的细分领域，市场份额呈持续扩大趋势，达到 20.5%。据中国权威移动互联网第三方数据挖掘和整合营销机构艾媒咨询(iMediaResearch)发布的《2012Q3 中国移动电子商务市场季度监测报告》显示，2011 年中国移动电子商务用户规模达到了 0.92 亿人，到 2012 年底，中国移动电子商务用户规模将达到 1.46 亿人，同比增长 58.7%。预计到 2015 年底，移动电子商务用户规模将达到 3.48 亿人。

移动电子商务利用了移动无线网络的优点，移动终端既是一个移动通信工具，又是一个移动 POS 机，用户可以在自己方便的任何时间、任何点点获取所需的信息、服务，进行电子交易和办理银行业务。移动电子商务除了能在互联网上完成直接购物，还提供了一种全新的销售与促销渠道。与目前销售方式的区别体现在：移动电子商务能充分满足消费者的个性化需求，具有移动性、即时性、私人性和方便性，可实现电信、信息、媒体和娱乐服务的电子支付。目前，移动电子商务主要提供银行业务、交易、订票、购物、娱乐、无线医疗、移动应用服务提供商(MASP)等服务。

移动电子商务是一个综合的体系，该体系不仅仅包括移动电子商务提供商，它还包括起支撑、支持作用的终端厂商、电信运营商、金融及支付服务商、物流商和其他类型服务提供商，各个主体在移动电子商务产业链中发挥着不同的作用，如图 4-15 所示。

1. 终端厂商

终端厂商为移动电子商务的发展提供硬件基础。移动电子商务对硬件的要求很高，可

移动互联网技术应用基础

产业链主体	市场定位	典型企业
终端厂商	提供终端设备及应用	三星、苹果、小米、HTC、诺基亚等
电信运营商	网络接入服务	中国移动、中国电信、中国联通
金融及支付服务商	交易资金的在线支付	中国银联、工商银行、支付宝等
平台服务提供商	移动电商平台服务	传统电商:淘宝、京东、凡客、当当乐淘等;独立移动电商:买卖宝、爱购、移淘、欢购等
仓储物流商	仓储、物流和配送	EMS、顺丰、中通、圆通等
软件、营销推广服务商	移动电商营销、推广等服务提供商	UC浏览器、亿玛、耶客等

图 4-15　移动电子商务产业链主体

以说,移动终端的性能是决定移动电子商务用户体验最为重要的因素之一。目前市场上主流的智能手机基本能适应移动电子商务的发展,但其普及率还有待提高。中国市场上典型的智能手机厂商包括三星、苹果、小米、HTC 和诺基亚等。

2. 电信运营商

电信运营商为移动电子商务的发展提供网络基础。移动电子商务非常依赖电信运营商提供的网络服务,而且电信运营商拥有移动电子商务末端的所有用户资源,任何移动电子商务的应用服务都需通过电信运营商的信息通道进行,因此电信运营商在移动电子商务产业发展中起着极其重要的作用。中国的电信运营商主要包括中国移动、中国电信和中国联通。

3. 金融及支付服务商

金融及支付服务商为移动电子商务的发展提供资金周转服务。商务活动中,所有资金的流动最终都要通过金融机构进行划转和结算,因此在移动电子商务活动中,银行、银联等金融机构有着天然的资金链控制优势。而在实际的移动电子商务活动中,第三方支付平台确保了资金支付的安全性和合理性,其在移动电子商务产业支付环节中同样具有重要作用。

中国的金融及支付服务商主要包括中国银联、各大商业银行、支付宝等。

4. 平台服务提供商

平台服务提供商是移动电子商务的直接参与者,是产业链中的核心主体。目前,淘宝网、京东商城和凡客诚品等传统电子商务企业已经完成了在移动电子商务中的布局,成为最主要的移动电子商务提供商。此外,完全立足于手机平台的独立移动电子商务企业,如买卖宝、爱购网、移淘商城等也是重要的参与者。

5. 仓储物流商

和传统电商一样,移动电子商务需要有良好的仓储物流做支撑。中国市场上和电子商务相关的典型物流企业包括 EMS、顺丰速递、中通和圆通等。

6. 软件、营销推广等服务提供商

软件、营销推广服务提供商为移动电子商务平台提供信息入口和营销推广服务。以

UC 浏览器为代表的浏览器软件是移动互联网最重要的信息入口，是目前移动电子商务企业推广的重要平台；而近年来兴起的各种 APP 应用也逐渐为移动电子商务提供推广平台。亿玛在线、耶客等提供移动营销和移动客户端开发的企业也在移动电子商务产业链中发挥着自己独特的作用。

 材料阅读

微学习，亦可理解为碎片化学习，区别于系统的课程化学习，不受时空的限制，不受内容的限制，不受教学的限制。微学习的核心理念应该是：随时随地学习，想学就学，文理百科，天地万象都是学习内容，学到一点就是一点。

第六节　移动互联网商业模式

 任务描述

了解移动互联网商业模式及其案例。

 任务分析

手机浏览器、移动购物和苹果 APP Store 的商业模式是移动互联网商业模式的主要模式。

一、 什么是商业模式

几千年来，无论是成功或者失败的商业活动，商业模式一直是贯穿任何一项经营活动。好的商业模式让企业赢得成功。反之，某些错误的商业模式将导致企业陷入困境、苦苦挣扎多年而不能自拔，甚至最终过早地遭受失败的厄运。究竟什么是商业模式呢？

商业模式的内容十分广泛。凡是与企业经营活动相关的内容，几乎都可以纳入商业模式范围。所以，我们常常听到的电子商务模式、B2B 模式、B2C 模式，拍卖模式、反向拍卖模式、广告收益模式、会员费模式，什么佣金模式、社区模式等都成了企业的商业模式。

商业模式这个词汇流行于 20 世纪 90 年代，当时互联网的发展深刻地影响了全球商业社会的变化，确切地讲是在很多领域颠覆了以往的产业链架构，甚至创造出了许多前所未有的产业。

商业模式的一种定义是：为了实现客户价值最大化，把能使企业运行的内外各要素整合起来，形成一个完整的、高效率的、具有独特核心竞争力的运行系统，并通过提供产品和服务使系统持续达成赢利目标的整体解决方案。

上面这段话相当的抽象，学术界还有许多类似的定义，例如：

从目的来看，商业模式就是一种交易设计，一种秩序和方法，依据这种交易设计，这种秩序和方法，企业可以把握商机，实现经济价值。

从过程来看，为了把握商机，不同企业会展开不同的业务活动，会选择不同的竞合方式。这些差异会导致商业模式结构的不同。

商业模式就是企业以其自身及相关利益者的价值实现为目标，围绕企业的业务活动而进行的整体性、结构性、功能性设计、安排或选择。

商业模式可以说就是企业的盈利模式，就是公司通过什么途径或方式来赚钱。简言之，饮料公司通过卖饮料来赚钱；快递公司通过送快递来赚钱；网络公司通过点击率来赚钱；通信公司通过收话费赚钱；超市通过平台和仓储来赚钱等等。

二、 互联网时代典型商业模式——互联网广告

在互联网时代，商业模式创新成为这个时代的标志。

游戏、广告、电子商务是互联网时代最赚钱的商业模式。游戏和电子商务的商业模式相对互联网用户而言比较容易理解，内涵最丰富的是互联网广告的商业模式。

互联网广告的商业模式有很多种，一些典型的互联网广告商业模式有：

网络广告模式，拓展了传统的广告媒体。这种情况的传播商通常是一个网站，在提供内容（多数是免费的）和服务（例如邮件、即时通讯、博客）时，加入一些条幅广告信息。这些广告可能是这个传播商的主要或者唯一的收入来源。广告模式只有在浏览量非常大或者高度专业化时，广告模式才能发挥作用，创造价值。例如 Gmail、一些博客网站的模式就是典型的网络广告模式。

门户网站的广告模式，通常是指能够找到各种内容或者服务的搜索引擎。大量的访问流量让广告有利可图，并且要求网站的服务更多样化。比如新浪、网易、搜狐各自的门户网站。

分类表广告模式，是一个想要买卖的项目清单列表。典型地，这种模式是由本地新闻内容提供商提供的，例如 58 同城、赶集网。

用户注册是通过提供专业内容，让用户免费注册访问，但要求访客注册并提供相应信息。注册用户需允许，系统追踪用户的访问习惯，而后得出的数据可能为精准广告活动带来潜在的价值，例如纽约时代周刊的网络版。

基于查询的付费广告模式，这是 Google 所创造的商业模式，拥有大量流量的搜索引擎将有利的链接位置（比如百度推广）或者基于用户查询的具体搜索项的广告。

上下文广告/行为营销模式，一些免费软件的开发者，将广告和他们的产品绑定在一起。例如，自动化认证和填表的浏览器插件，也有在用户上网时出现的广告链接或者弹出窗口。上下文广告能够给予用户的上网活动，投放精准广告。

内容定向广告模式，这是 Google 首创的广告形式，将搜索关键字广告的精确度拓展至网络的其他领域。Google 首先确定每个网页的主题，之后一旦在用户访问该页，该服务则自动弹出相关的广告信息。

引导广告是在用户访问需要的信息前，先观赏网站或软件提供的广告内容。

强制广告是提供交互性的广告模式，要求用户定期响应，以保证通信息验证，继续访问所需的信息。

三、 移动互联网商业模式案例

移动互联网逐步兴起的时候，正是互联网世界中 Web2.0 时代蓬勃发展的阶段，2011

年，美国著名风投、KPCB 风险投资公司(Kleiner Perkins Caufield & Byers)合伙人约翰．杜尔(John Doerr)第一次提出了 SoLoMo 这个概念，他把最热的三个关键词整合到了一起：Social(社会的)、Local(本地的)和 Mobile(移动的)。短短数月，各种科技公司都在谈论这个新词，SoLoMo 概念迅速风靡全球，被一致认为是互联网未来的发展趋势。

无论是 Web2.0，还是 SoLoMo 的概念，同样都有着质疑的声音，其主要原因在于社交网络、本地化服务和移动互联网的盈利模式不明朗，投资者担心重现 2000 年后互联网泡沫破灭的一幕。正因为如此，移动互联网的商业模式还在探索中，盈利之路对于很多企业还不明朗，但是人人都可以断言，移动互联网的大潮已经来临。

1. 商业模式不明朗的手机浏览器

手机浏览器已经成为移动互联网的入口之争，见图 4-16，浏览器在移动互联网众多入口中意义重大，未来还将集成更多功能。

图 4-16　以浏览器占领移动互联网入口

目前中国市场上手机浏览器的市场份额情况如图 4-17 所示。

对于手机浏览器，其盈利模式尚处于探索当中，可能的模式参见图 4-18 所示。

在手机浏览器产业链条上，包含了终端商、运营商、内容提供商、用户及搜索引擎。

(1)终端商处于产业链的最顶端，因为它决定用户的"第一印象"，手机浏览器主要通过预装与终端商合作。

(2)运营商作为传统企业，在移动互联网时代与手机浏览器更多的是合作，因为手机浏览器把控着移动互联网的重要入口。

(3)内容提供商作为产业链重要的一环提供支撑作用，获得优质信息是用户使用浏览器的根本目的。

移动互联网技术应用基础

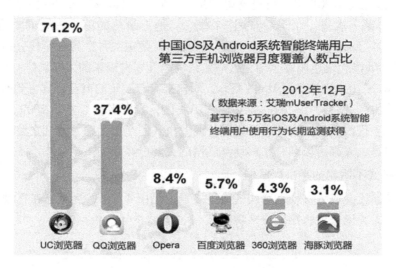

图 4-17　我国手机浏览器市场格局

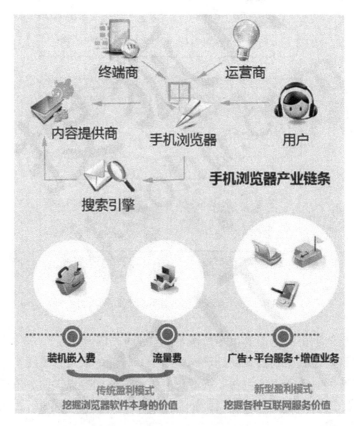

图 4-18　手机浏览器的盈利模式探索

（4）搜索引擎位于整个产业链的下游，许多手机浏览器都内置了某个搜索引擎，与手机浏览器合作成为搜索引擎获得流量最直接有效的方式。

（5）用户是所有互联网产品服务的享受者，也是巨大流量的生产者，为了更好地留住用户，手机浏览器需要不断地完善产品体验，把握用户习惯。

哈佛商学院教授大卫·尤弗亚(David B. Yoffie)曾说过："没有公司靠浏览器赚钱"。那么对于手机浏览器厂商而言，应该靠什么方式赚钱呢？根据艾瑞2012年中国浏览器市场研究报告，目前对于手机浏览器主要有两大盈利方式。第一种挖掘浏览器本身的价值——装机嵌入费+流量费，这种思维方式较为传统；第二种挖掘互联网服务的价值，以广告、增值服务和平台化服务作为收入来源，这种思维模式较为开放，很可能会成为未来的发展趋势。

2. 延续互联网的优势，游戏仍然是最热选择，商业模式初步成熟

如图4-19所示，移动互联网趋于娱乐化，游戏在众多应用分类中仍然是比例最高的。

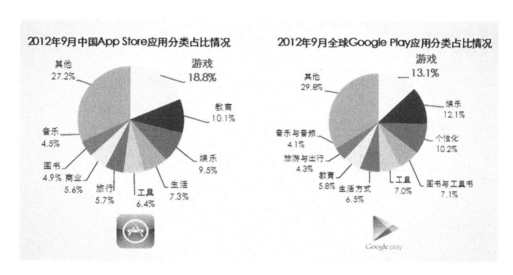

图4-19 应用分类占比情况

如图4-20所示，国内手机游戏产业链中，开发商、平台运营商、移动应用广告平台、游戏分发渠道和支付渠道构成了中国移动游戏的产业链结构。

自2009年以来，手机游戏的市场保持高速增长的趋势，整个手机游市场中智能机游戏逐步将成为移动游戏的主流，手机游戏的商业模式仍然继承了PC端的模式，通过付费下载、关卡收费、道具收费、广告收费等实现盈利。

整体趋势虽好，但国内手机游戏市场尚待完善与成熟，移动端的前景普遍被看好。

3. 移动购物成为移动互联网真正的赢家，淘宝无线延续第一电商优势

艾瑞咨询统计数据显示，如图4-21，2012年中国移动购物市场交易规模突破500亿，达到550.4亿，和2011年相比大幅增长380.3%，Q4交易规模为210.9亿。移动网购在整体网购中的交易规模占比呈增大趋势，2012年达到4.2%。市场份额方面，2012年淘宝无线、手机京东商城、手机腾讯电商分别以76.4%、5.2%和3.9%的占比位居前三。

2011年以来各大电商企业开始积极布局移动端购物，2012年移动互联网高速增长，移动互联网用户数达到4.2亿。根据艾瑞咨询数据，2012年移动购物企业交易规模市场占比，淘宝无线、手机京东、手机腾讯电商分别占据了前三名，如图4-22(Q：quarter，季

移动互联网技术应用基础

图 4-20　2012 年中国移动游戏产业结构图

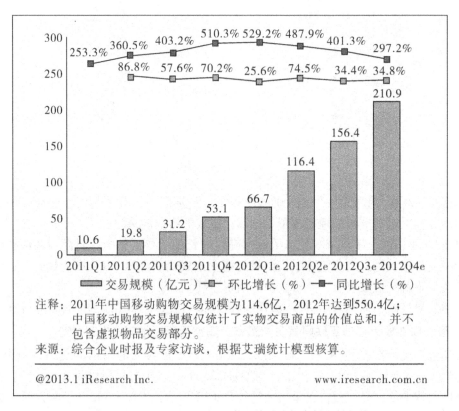

注释：2011年中国移动购物交易规模为114.6亿，2012年达到550.4亿；
中国移动购物交易规模仅统计了实物交易商品的价值总和，并不
包含虚拟物品交易部分。
来源：综合企业时报及专家访谈，根据艾瑞统计模型核算。

@2013.1 iResearch Inc.　　　　　　　　　www.iresearch.com.cn

图 4-21　2011Q1～2012Q4 中国移动购物市场交易规模

度；e：evaluation，估计价值）所示。

　　淘宝无线平台的商业模式延续了淘宝在 PC 互联网上的开放多边平台特点，发力移动

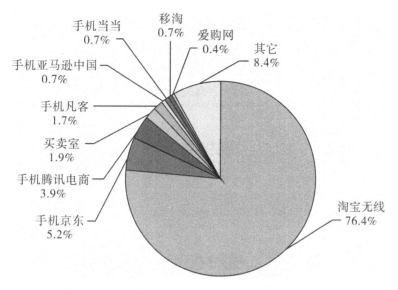

图 4 - 22　2012 年中国移动购物移动交易规模市场占比

端，汇聚了买家、淘宝商家、服务于淘宝商家的淘宝 SP(service provider，服务提供商)，同时淘宝无线运营平台本身也提供了无线推广联盟(广告业务模式)、无线 VIP 会员体系、活动促销子系统等功能，通过开放平台复制基于无线端特点的电子商务平台。

4. 苹果 Appstore 的商业模式

APP Store 的模式其实是一种典型的 C2C 模式：所有人都可以成为开发者。苹果对开发者并未有任何的资金或者资质的限制，为开发者提供方便。开发者在注册之后，APP Store 就会为其提供 APP SDK 和相应的技术支持，帮助开发者设计 SDK 工具箱。同时，开发者可以很方便地在 APP Store 这个平台上交易，平台会帮助开发者营销产品，帮助用户进行选择。APP Store 通过排行榜、搜索等方式帮助 iPhone 用户很方便在平台上找到想要的应用程序。这种模式强调的是在开发者与用户之间搭建平台，APP Store 只充当平台，帮助推广和支付，收取分成。如图 4 - 23 所示。

APP Store 的营销模式是完全基于平台自身的自营销体系，以平台为中心，向上帮助开发者把应用推荐到用户眼前，向下帮助用户找到他需要的应用。主要营销推广手段包括：第一，搜索引擎，帮助用户根据关键词搜索找到想要的应用；第二，排行榜，按照用户的喜好，基于 24 小时的真实下载数据，推出各种排行榜，排行榜不会显示过多的应用，让用户眼花缭乱，而只是列举前 8 ～ 10 个应用程序；第三，广告位，为大型应用程序开发商提供广告位。其中，排行榜是 APP Store 平台营销的最主要手段。详细的分类排行榜可以划分出 APP Store 上所有的应用程序，如"Categories"(应用软件分类)，向下细分为书籍、游戏、娱乐、旅行、音乐等列表，还有"What's Hot"、"十大付费应用排行榜"、"十大免费应用排行榜"。

除了按照下载量排名之外，还有按时间排列的"NEW"(最新应用)排行榜，推荐给用户的"Staff Favourites"(推荐应用)等排行榜。点击进入到相应的排行榜列表中，还可以按照名称、特征、发布日期排列所选类别的软件。

移动互联网技术应用基础

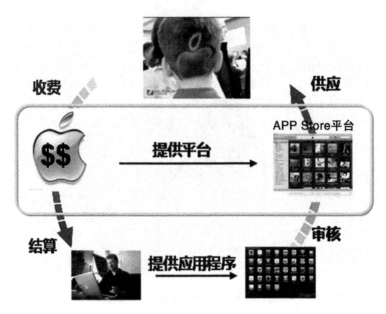

图4-23 苹果 APP Store 的商业模式

在 APP Store 平台上，应用开发者享有定价权，可以自由对所开发应用进行定价。苹果公司与开发者按照30%与70%的比例进行分成。

此外，苹果经常会公开一些数据分析资料，帮助开发者了解用户最近的需求是什么，并提出指导性建议，指导开发者如何给应用程序定价、调价或是免费。具体到如：商务、医疗保健、金融理财类应用的价格较高，所占比较小，销量一般较低；平均价格不到2美元的游戏、娱乐类应用的占比非常高，销量非常好，通常占据着 Top10 排行榜。在 APP Store，1万个应用程序当中有23%是免费应用，其余付费应用占77%。苹果并没有因为零收入而对免费应用歧视，相反，鼓励开发者选择适当的时期免费吸引用户，待应用流行之后调整价格，得到更多收益，使应用不会一出生就石沉大海。

目前，在欧美市场，苹果 APP Store 可以说是最为成功的应用下载商店，聚集了大量的开发者和超高的人气，也给运营商带来大量新的流量收入。

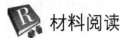 材料阅读

网络经济如日中天，传统公司一定要遭淘汰么？不一定！有些传统公司不仅活得挺好，而且更加欣欣向荣，快递公司就是一类。经过脱胎换骨的改造，快递公司已经摆脱了"傻大黑粗"的印象，甚至成了网络经济中第一批赢家。大家都在网上卖东西，能将商品及时送到顾客家门的配送系统，当然就是网络新生活中的有机组成部分。网络时代的快运公司已不是过去的模样。快递公司在全国范围内建立了仓储和包装系统，可以在顾客需要的时间内送货上门。配送单也是在网上流通，最难能可贵的是，顾客能在网上看到配送过程中自己的商品到达什么地方，把顾客的不安全感减到最低。UPS 公司又有绝招，为自己的客户提供免费接入，客户可以随时查看货物的流动状况。

◄‖ 复习思考题 ‖►

1. 什么是移动互联网产业链?
2. 移动互联网产业链的构成有哪些?
3. 全球经济一体化环境下的产业链的形成原因是什么?
4. 产业链是不是可变化的? 为什么?
5. 什么是信息化?
6. 哪些技术促使了移动互联网产业链的形成?
7. 当前移动互联网产业链特点有哪些?
8. 什么移动互联网? 请分析一下典型移动互联网生态系统。
9. 日常生活中,我们都用到了哪些移动搜索业务?
10. 移动即时业务有哪些? 你经常用到哪些?
11. 什么是电子移动商务? 与传统的电子商务有什么不同?
12. 什么是商业模式?
13. 请分析一下互联网时代典型的商业模式。

第五章　移动互联网技术在企业中的应用

学习完本章之后，你将能够：

- 理解移动定位与地图技术的应用知识；
- 掌握微信的全面应用和发展方向；
- 理解云计算与云存储的相关原理和应用；
- 了解移动电子商务的应用和移动支付业务；
- 了解移动搜索业务；
- 掌握企业移动网站与 APP 应用软件的流程；
- 了解移动 SNS 营销方法和模式，以及对企业产生的重要意义。

移动互联网的各类技术目前已经达到较为成熟的程度，很多应用在个人领域已经形成了很大的应用规模，也开始成为个人应用的一种新习惯，但是，对于传统企业来说，能够用上移动互联网技术除了电商等"触电"企业外，大部分还没有利用到这种新的技术，移动互联网技术对传统企业的营销、信息管理及生产过程都有较大的应用，能够为企业的运营带成新的变革，其作用不亚于工业革命对工厂所造成的影响，本章主要介绍各种移动热点技术在企业中的应用。

第一节　移动定位与地图技术应用

 任务描述

了解移动定位原理和地图技术的应用，并掌握其如何运用到企业生产流程中。

 任务分析

定位服务作为人类克服空间障碍及重要的出行辅助工具之一，导航定位产品已经成为大众化的消费电子产品，当导航定位与通信信息服务相融合时，将产生一个扩展产业发展空间的通用应用平台，应用于社会的各个领域。

一、　移动定位与地图技术的应用

移动定位(location based service，LBS)，是指服务商通过短信、移动数据业务等方式向手机用户提供的以定位、导航服务为核心，并包括其他衍生服务的业务，是一种应用十分广泛的新兴的移动互联网技术。

定位服务作为人类克服空间障碍及重要的出行辅助工具之一，具有良好的成长性。特别是在人类活动范围更加广阔的情况下，导航定位产品已经成为大众化的消费电子产品。而当导航定位与通信及其他信息服务相融合时，导航定位产品不仅在实时性、实用性方面获得显著提高，更是找到了一个广阔的、能够放大产业发展空间的通用应用平台，推动导航定位服务从相对狭窄的行业市场走向大众市场，向着专业级市场转变。近年来移动定位技术被引入社会中的各个领域，并取得了快速的发展。

（一）电子地图

电子地图是 LBS 产业的基础环节，只有提供全面准确的地图及丰富的 POI（point of interest，信息点）数据，才能对用户产生吸引力。我国对电子地图的出版有着严格限制，只有取得国家电子地图测绘资质者才能合法出版电子地图。目前国家测绘局只颁发了 11 张电子导航地图甲级测绘资质证书，其中四维图新、高德、瑞图万方和灵图是其中的主要提供者。总的来说，目前的主要电子地图及 POI 数据已经能够满足用户的基础位置服务需求，能够向用户提供道路信息、主要建筑名称与交通站点，并提供必要的路线导航和规划。

从技术方面考虑，GPS（global positioning system，全球定位系统）可以应用的范围非常广泛；但在能够支持各种丰富应用的增值 POI 点上，目前的丰富程度显然是不足的。据估计，中国各种潜在的 POI 点大约将达到 2 亿个，而目前的地图服务商大约只能提供 2000 万个 POI 点，特别是在大型城市当中，各种商业设施及其详细信息尚未在地图上得到很好的体现。这一方面限制了 LBS 产业的广泛推广，也限制了地图服务商的业务持续增长空间，正是这个原因，迄今为止只有汽车导航市场比较成熟。

增值 POI 信息的快速发展既依赖于专业地图服务商自身采集团队的努力，也受到业务模式的影响。在日本，地图服务商通过建立社区 POI 采集团队的形式，能够大大丰富 POI 信息。目前中国的一些地图服务商也开始拷贝这一模式。例如，在自身团队难以覆盖的三级以下城市或地区，培养和推动地方机构采集当地 POI 信息和代理推广相关商业服务。而在大型城市，增值 POI 点更加密集，信息变动也更加快速。在这种情况下，推动和引导用户自身标注行为，有望成为 POI 信息快速丰富和实时更新的重要创新模式。特别是在监管当局通过在线审核平台使用户标注服务走上开放与规范管理的情况下，POI 信息有望得到实质性的快速发展。

（二）移动定位技术的应用领域

正是由于全球卫星定位系统具有全天候、高精度、自动化、高效益等显著特点，赢得广大测绘工作者的信赖，并成功地应用于大地测量、工程测量、航空摄影测量、运载工具导航和管制、地壳运动监测、工程建设、市政规划、海洋开发、资源勘察、地球动力学等多种学科。目前，导航定位技术已经渗透到国民经济建设、国防建设、科学研究和居民生活的方方面面。

无线定位技术为移动通信开辟了更大的发展空间，提供了更多的商机。移动无线网络能够提供的位置服务可以包括从安全服务到付账、信息追踪、导航、数据/视频集成产品等方方面面。目前，第四代移动通信系统已进入最后的商用试验阶段，蜂窝定位依靠第四代移动通信系统的体系结构和传输的信息实体实现移动台的位置估计，有着十分广阔的应用前景。

移动定位技术和地图产业作为一个开放性平台产品，只有相互结合形成一个开放平台才能形成应用。同时要与其他行业应用充分结合，在各个行业上开发出各种丰富的增值应用，促进用户频繁地使用这一基础平台，才能充分发挥平台本身的价值。就目前来看，增值应用的发展方向主要包括以下几个方面：

1. 餐馆及休闲娱乐场所信息等商务信息提供

如果能为用户提供餐馆及娱乐场所信息，并提供适当的预约或折扣服务，则有可能受到企业、商家和青年白领等用户的欢迎。当然，这需要有较丰富的 POI 信息、商家合作机制和完善的运营平台，现在很多商家正致力于利用这个功能扩展其产品影响力。

2. 物联网、安全监控与健康援助

当前 LBS 在物联网、企业日常生产流通环节、企业安全监控等方面有着广泛的应用。同时在城市家庭中，儿童安全和老人健康将越来越受重视，将此与位置服务结合起来提供相关的安全监控和健康援助服务，在国外是一个比较成熟的发展方向。我国也出现了爱贝通、亲子通、亲情通这样的服务。

移动的不确定性给人们的安全带来了一定的威胁。随着活动范围的扩大，这种威胁也越来越大。因此，危险情况下的紧急求援就显得尤为重要。只要用户的手机支持移动定位业务，用户就可以拨打救援中心的电话，如中国的 110、美国的 911、日本的 411 电话。移动通信网络在将该紧急呼叫发送到救援中心的同时，会自动支持移动定位业务的网元，将该位置信息和用户的语音信息一并传送给救援中心。救援中心接到呼叫后，根据得到的位置信息，就能快速、高效地开展救援活动，大大提高成功率。

3. 实时路况信息

在交通繁忙的城市环境中，实时路况对大众用户来说是非常有用的位置信息，如果能够培养用户的日常使用习惯，它能为服务商带来持续的收入。当然，这需要业务运营商与相关路况信息源的协作。但在另一方面，由于目前我国各地的智能交通参与主体多样、实时路况信息来源广泛，这对 LBS 服务商的谈判和统一运营产生一定的壁垒。

在人口密集的大城市里，交通阻塞的问题急待解决，对车辆导航、智能交通的要求越来越迫切。为此发展出了智能交通系统 ITS。而自动车辆定位系统 AVLS 是智能交通系统的核心，将实现动态交通流分配、定位导航、事故应急、安全防范、车辆追踪、车辆调度等功能。利用蜂窝定位系统实现的自动车辆定位系统将定位、通信、计算机信息处理与控制等构成一个有机整体，有利于多种信息的融合，并且在城市覆盖和灵活方便的漫游管理等方面具有优势。

目前各大城市开始建设智能交通系统，来解决车辆和交通的管理、导航等问题。利用蜂窝网络无线定位技术，我们只需要在车辆上安装移动电话（或其收发模块），就能够以最小的投资成本、最快的建设速度方便地实现 ITS，提供监测交通事故，疏导交通，对车辆进行定位跟踪、调度和管理等服务，促进城市数字化的进程。这类应用对于出租车、公交车辆、警用车辆以及一些特种用途车辆的管理是非常有吸引力的。

移动互联网技术应用基础

4. 社区和交友服务等

如果位置信息能够与互联网社区和交友服务结合起来，则可以将自身的实时信息特征和互联网用户群的社会性需求紧密结合，形成较好的用户黏性和使用习惯。当然，这需要包括业务运营商、互联网服务商的共同努力，也需要有较好的用户隐私法律保护机制。

5. 基于位置的游戏

基于位置的游戏能够给用户提供新颖的感受，对年轻用户能够带来一定的吸引力。

二、 一个服装行业管理系统应用案例

（一）系统分析

在服装行业中客户经理、专卖管理人员是至关重要的环节。客户经理负责了解服装销售网点的订购需求、信息反馈等工作；专卖管理人员负责规范市场管理、净化市场，为服装销售保驾护航。如何利用现代无线通信技术、GPS 和 GIS 技术帮助提高上述工作人员的日常工作效率是本方案的一个重点。

同时考虑到上述工作人员日常工作的分散性，每个工作人员负责多个区域、多条线路，工作时间又经常不在单位，造成管理和考核上的缺失。随着现代计算机信息技术、无线技术的迅速发展，把上述人员纳入到定时、定量的管理和考核手段中来必将成为服装行业中的一个发展方向。

服装移动多功能 GPS 定位系统在移动 GPS 多功能定位终端的基础上，利用无线通信、全球定位系统 GPS、地理信息系统 GIS、管理信息系统、专家决策支持系统等多种高新技术结合于一体，软硬件高度整合，通过数据采集、推理决策、方案建议、命令下发等过程，在此功能和数据的基础上，最终形成一套完整的、实时的、高智能的服装移动目标指挥调度管理系统。

系统主要面向服装生产、服装流通管理、服装销售管理、安全管理、专卖管理等方面。包括服装配送车辆及人员移动目标监控；固定点目标监控；服装生产监控、诚信管理、综合安全管理、销售辅助分析、专卖辅助管理等 20 多个功能；可以降低服装物流成本，提高配送效率，确保车辆、货物、资金及司乘人员的安全，提升企业的安全监管能力和水平；若在专卖稽查车上加装 GPS 配合系统销售辅助分析功能，则更有助于加大服装专卖稽查力度，打击卖假，在服装市场监管与服务方面实现跨越式提升，方便掌握客户动向，及时采取相应的市场应对措施。满足服装行业各类业务对地理信息及监控管理的需求。整套系统以移动 GPS 多功能定位终端为核心。

（二）系统功能设计

1. 移动 GPS 多功能定位终端

移动 GPS 多功能定位终端 APP 应用程序的功能模块设计以服装专卖管理、销售管理的具体需要入手，以满足不同业务人员对数据的需要，根据智能手机终端的特点，在功能模块的设计中，做到模块使用方便、界面友好。

终端的信息保密问题：一般来说，移动 GPS 多功能定位终端和服务器之间存在有两个安全问题：一个是从移动设备到网关；另一个是从网关到服务器。对于前者可以通过本系

移动互联网技术应用基础

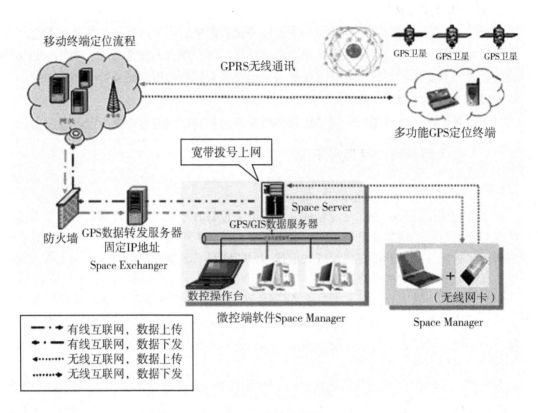

图 5－1　系统拓扑图

统支持的虚拟专网（VPN）来保证安全通信，防止窃听者通过散射在空间中的电波窃取用户口令、密码等信息；对于后者可以通过 Internet 的 SSL 来保证安全通信，可以采用包过滤防火墙，在 Internet 上，所有信息都是以包的形式传输的，信息包中包含发送方的 IP 地址和接收方的 IP 地址。包过滤防火墙将所有通过的信息包中发送方 IP 地址、接收方 IP 地址、TCP 端口、TCP 链路状态等信息读出，并按照预先设定的过滤原则过滤信息包。那些不符合规定的 IP 地址的信息包会被防火墙过滤掉，以保证网络系统的安全，如图 5－1。

　　采用移动数据通信模式，其通信费用要远远低于其他模式，同时移动通信的数据传输相对比较稳定。据中国移动的资料，它是"永远在线"的，数据传输比较稳定、平滑，不容易丢失数据、发生数据延迟。

2. 监控中心

　　任何地方任何一台可以接入移动互联网的计算机或智能手机终端只要安装客户端软件，都可以成为一个监控中心。也就是说，只要安装客户端软件，用户可以在单位建立固定的监控调度中心，也可以在任何时候通过笔记本电脑和无线上网，连接系统服务器，成为一个移动监控指挥中心，真正实现随时、随地的指挥、调度、监控、查询。

　　客户端的电子地图上，会根据接收到的由移动 GPS 多功能定位终端发回的位置数据，将人员所在的位置实时显示出来，如图 5－2。

3. 电子地图

　　电子地图是整个 GPS 监控系统中一个重要组成部分，其质量好坏是决定监控系统运作

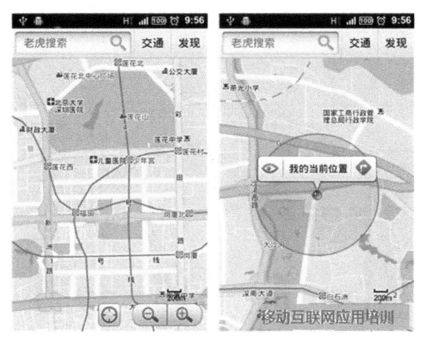

图 5 - 2　系统智能手机界面

效率的一个关键因素。该系统将电子地图处理修改为嵌入式电子地图，然后融合到专用移动 GPS 多功能定位终端上，工作人员可以通过移动 GPS 多功能定位终端电子地图进行数据的管理，比如：服装网络销售点的添加、删除、修改；专卖管理人员对销假案件发生地点的标注；服装专卖管理人员对所管辖区域内的销售点具体位置的采集、信息管理等。

三、　学生实习安全管理系统应用案例

学校实习生实训是重要的教学环节，是理论联系实际、培养学生独立工作能力的重要途径。为使实习生实训工作达到预期目的，保证实习生实训工作有领导、有计划、有组织地进行，针对目前的社会治安和交通安全情况，建立一个安全管理系统是必要的。

（一）开发背景

学生顶岗实习是学校教育的重要组成部分，从实习开始，学生就具有既是"学生"也是"准员工"的特殊双重身份，实习期间学校仍是承担管理职能的重要主体。同时由于实习时间较长，实习期间的安全问题日益突出，如何加强实习生的安全管理教育是每个学校亟待解决的现实问题。

针对实习生管理工作的特点和流程，应用移动互联网技术开发了一套学生实习安全管理系统，系统涵盖了考勤管理、SOS（求救）、位置信息、信息沟通、告警等主要功能，为学校管理者和实习生之间提供即时沟通、知识宣贯、信息交流和智能管理的平台，拓开了一条实习生安全管理手段新的通道。

移动互联网技术应用基础

（二）系统结构

系统结构见图 5-3。

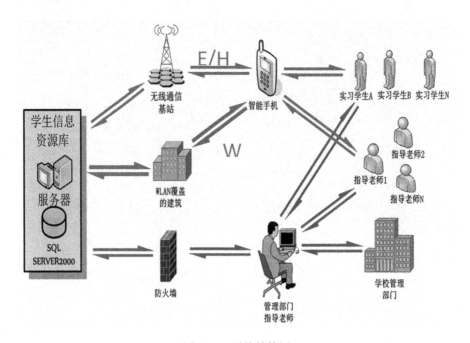

图 5-3　系统结构图

（三）系统功能简介

系统使用主体分为三部分：实习生、指导老师和学校管理部。

实习生——系统的主体用户：考勤登记、SOS、信息中心、定位等。

指导老师：考勤记录、SOS、信息中心、告警（一级告警、二级告警）。

学校管理部：SOS、信息中心、一级告警。

（四）系统主要功能

1. 实习生 APP 功能模块

考勤登记：方便指导老师掌握实习生在岗情况，了解实习生安全状况。

SOS：提供 SOS 紧急求救功能，求救电话拨打一键通，地理位置信息及运动轨迹直观展示，方便搜救。

地图：地理位置登记，方便寻找附近同学，方便交流和沟通。

信息中心：增加学校、实习生的信息渠道。

2. 指导老师【学校管理部门】APP 功能模块

考勤记录：完成考勤日常管理，方便指导老师掌握实习生在岗情况，了解实习生安全状况。

SOS：及时、准确地与相关管理部门、企业和实习生家长沟通，拓宽搜救通道，提高异常事件处理的效率。

信息中心：提供即时的信息交流平台，采用群发、分组发、定时发送等信息传播方式，强化日常安全知识宣传和培训，拓宽沟通交流渠道。

3. 智能信息库

告警信息自动采集接及收发送，提高重点工作的关注度，减轻指导老师工作量，提高工作效率。

SOS 信息、地理信息呈现，运动轨迹展现，救援信息联动，提高遇险者的安全系数。

 ## 材料阅读

2014 年 8 月初的一个清晨，天津市华诺工程有限公司驻静海办事处的维护人员下楼取车时，发现自己所驾驶的五菱汽车丢失。正当所有人束手无策之时，突然有人想起公司车辆均安装了移动定位系统，便立即调取 GPS 定位系统轨迹回放数据，发现车辆正沿 112 国道向河北廊坊方向驶去。随后，华诺公司与天津移动及业务厂商取得联系，请求协助分析车辆轨迹和车辆位置信息，同时向公安局报案。

天津移动立即响应，安排支撑人员及时赶到华诺公司，依据电子地图所显示情况迅速分析出被盗车辆的行驶轨迹、速度和停车位置等信息，并提交给公安机关。警方通过该数据，调取沿途道路监控并成功锁定可疑车辆。警方同时派出安装了移动定位终端的车辆进行追捕，支撑人员通过移动定位平台随时发送两车的相对位置图片。

随后，警方成功截获被盗车辆，抓获犯罪嫌疑人两名。据办案警方讲述，从接警到成功抓获犯罪嫌疑人并追回被盗车辆，只用了短短 4 个多小时的时间，而且是跨省市追捕，多亏天津移动的移动定位业务为案件提供了及时准确的车辆实时信息，使警方可以顺藤摸瓜成功破获这个从盗窃到销售一条龙的团伙盗车犯罪案件。华诺公司经理表示，自安装移动定位产品以来，使用很方便也很顺手，定位业务不只是为公司节省多少燃油的事情，到关键时刻可以避免重大损失。

第二节　微信平台

 ## 任务描述

全面了解掌握微信的功能架构平台，理解微信平台在企业中的应用，以及企业公众号的营销模式，并通过 2012 年的十大经典微信营销成功案例，深入思考探究微信与企业发展的模式对接，探索微信营销和管理模式。

 ## 任务分析

微信是一款智能手机应用程序，从推出到现在，已经成为智能手机的必备软件，在中国有几亿的用户。企业如何通过微信来进行营销管理，发掘微信的各项功能来创新企业的发展模式，本节展开探讨微信平台在企业方面的应用。

一、微信简介

2011 年 1 月 21 日，一款智能手机应用程序微信由腾讯公司正式推出，用户可以通过

移动互联网技术应用基础

微信传送文字、语音、图片、视频等信息，可以群聊，仅耗少量流量，适合大部分智能手机。同时可以通过客户端直接与QQ好友进行通讯服务，可以显示对方实时打字状态，以实时掌握对方的响应情况。微信还提供公众平台、朋友圈、消息推送等功能，用户可以通过"摇一摇"、"搜索号码"、"附近的人"、"扫二维码"方式添加好友和关注公众平台，可以将内容分享给好友以及微信朋友圈。微信软件完全免费，使用任何功能都不会收取费用，微信时产生的上网流量费由网络运营商收取。

微信具有零资费、跨平台、拍照发给好友、发手机图片、移动即时通信等功能，支持多种语言，以及WiFi、2G、3G和4G数据网络。正因为这些特性，微信一经推出，用户增长速度令人难以置信，根据腾讯2014年二季度财报显示，微信国内注册用户达到5亿，国外注册用户突破1亿，成为亚洲地区最大用户群体的移动即时通信软件，并成为事实上的中国移动互联网社交工具。这不仅使微信成为增长最快的一款新软件，也让腾讯处于令人羡慕的位置，成为中国移动互联网领域内最成功的产品之一。

二、 微信营销的特点

微信公众平台的推出，在企业掀起了一股微信营销的热潮。企业只需要发布公众号二维码，就可以获得用户的关注，而企业就可以更加精准地将企业消息推动给目标客户。从企业微信营销来看，它具有下面几个特点。

（一）真正的社会化营销

微信，作为纯粹的沟通工具，商家、媒体和明星与用户之间的对话是私密性的，不需要公之于众的，所以亲密度更高，完全可以做一些真正满足需求和个性化的内容推送，微信公众平台更像社会化营销工具。

（二）"强制性"的曝光

微信在某种程度上可以说是强制了信息的曝光，微信公众平台信息的到达率是100%，还可以实现用户分组、地域控制在内的精准消息推送。这似乎正是营销人士欢呼雀跃的地方：只需把精力花在更好的文案策划上而不是不厌其烦的推广运营上。如此一来，微信公众平台上的粉丝质量要远远远高于微博粉丝，只要控制好发送频次与发送的内容质量，一般来说用户不会反感，并有可能转化成忠诚的客户。

（三）活体广告板

微信中基于LBS的功能插件"查看附近的人"可以使更多陌生人看到这种强制性广告。用户点击"查看附近的人"后，可以根据自己的地理位置查找到周围的微信用户。在这些附近的微信用户中，除了显示用户姓名等基本信息外，还会显示用户签名档的内容。所以用户可以利用这个免费的广告位为自己的产品打广告。在网络营销课程上可以假设，如果营销人员在人流最旺盛的地方后台24小时运行微信，如果"查看附近的人"使用者足够多，这个广告效果也会不错。随着微信用户数量的上升，这个简单的签名栏也许会变成不错的移动广告位。

（四）细化直接的营销渠道

通过一对一的关注和推送，公众平台方可以向客户推送包括新闻资讯、产品消息、最新活动等消息，甚至能够完成包括咨询、客服等功能。微信信息的用户推送与客户的

"CRM 管理"方面要优于微博。尤其是微信立足于移动互联网，更使得微信成为尤为重要的营销渠道。

三、 企业微信营销流程

年轻人更多的信息来自于智能手机，传统的各种传播介质逐渐弱化，并可以比想象更为迅速，未来的营销通道更向网络化发展。同时随着企业经营模式的不断调整，人工成本与材料成本也在不断增长，企业也在考虑一种较为"节流"模式的措施改变现有的营销状况，微信、微博等低碳环保的电子商务营销模式便逐渐引起了国内外各企业的关注。微信营销，也在逐渐蔓延至国内的各个行业营销之中，并为改变现有的营销模式发挥着重要的作用。企业的微信营销主要包括五大方面：定位、推广、互动、管理以及延伸。

（一）定位

在准备启动企业微信推广的时候，首先要弄清楚我们的用户群体，然后合理借助小号（个人账号）和大号（企业公众账号），采集相关信息来进行推广。比如做净水器行业，客户群体大部分都是来自厨卫、太阳能、建材家装等行业，然后针对性地发送净水器代理加盟前景方面的信息。

（二）推广

关于推广方面，必须采用立体营销模式，线上和线下有效地结合起来。先说线上推广，第一点可以将企业微博的图像换成微信二维码，快人一步获得关注度；第二点可以将企业微信二维码放置官网、淘宝网以及相关网站进行推广。

微信公众号开通后非常有必要进行认证，因为认证的微信号会有搜索中文的特权，而微信认证的门槛也相对较低，只需要有 500 名订阅用户，绑定企业的认证微博。认证后的最大益处就是可以直接在微信的添加好友内搜索中文，而且还支持模糊查找，只要输入"某某某"就可以搜索到"某某某净水器"这个微信公众号。

对于线下推广，以合理的方式放在合理的位置进行展示，然后加以活动吸引让想要了解的用户来扫一扫。

（三）互动

向客户目标群体发送有益的信息、图片或者语音提示，才能进行更好的互动，从而获得其关注，提升自身的人气和客户群。

（四）管理

管理这一步就涉及内容的创作和粉丝的互动，采用什么样的方式、发布什么样的内容、选择什么样的时间、发布什么样的内容，这些事项都需要进行仔细思考，也就是定位的问题。对于客户的互动，我们需要做好及时的回复。

（五）延伸

延伸涉及公众账号的接口应用、自定义菜单、微信公众主页等应用。当然随着微信的不断升级，未来延伸的地方有很多。对于医疗的朋友，采用这个方法可能到了第二步推广就卡住了，如果说能够对延伸这一块进行更好的开发，如使用微信进行自助挂号岂不是更好，方便用户，就像一个很好使用的工具一样，这样何愁用户不来。

移动互联网技术应用基础

（六）营销策略

1."意见领袖型"营销策略

企业家、企业的高层管理人员大都是意见领袖，他们的观点具有相当强的辐射力和渗透力，对大众言辞有着重大的影响作用，潜移默化地改变着人们的消费观念，影响人们的消费行为。微信营销可以有效地综合运用意见领袖型的影响力和微信自身强大的影响力来刺激需求，激发购买欲望。如小米创办人雷军，就是典型的"意见领袖型"营销策略。雷军利用自己强有力的微博粉丝，在新浪上简单地发布关于小米手机的一些信息，就得到众多小米手机关注者的转播与评论，更能在评论中知道消费者是如何想的，清楚消费者内心的需求。

2."病毒式"营销策略

微信即时性和互动性强，可见度和影响力以及无边界传播等特质特别适合病毒式营销策略的应用。微信平台的群发功能可以有效地将企业拍的视频、制作的图片，或是宣传的文字群发到微信好友。企业可以充分利用二维码的形式发送优惠信息，这是一个既经济又实惠、更有效的促销好模式。顾客主动为企业做宣传，激发口碑效应，将产品和服务信息传播到互联网以及生活中的每个角落。新浪已经申请了自己的微信二维码，更多的商家都在第一时间给自己的品牌或产品，或公司申请了微信二维码，这表示微信二维码"病毒式"营销的开始。

3."视频＋图片"营销策略

运用"视频＋图片"营销策略开展微信营销，网络营销课程认为首先要在与微信客户的互动和对话中寻找有用市场、发现有用市场。为潜在客户提供个性化、差异化服务。其次，善于借助各种技术，将企业产品和服务的信息传送到潜在客户的大脑中，为企业赢得竞争的优势，打造出优质的品牌服务。让我们的微信营销更加"可口化，可乐化，软性化"，更加地吸引消费者的眼球。

四、 微信营销的误区

微信营销是网络经济时代企业对营销模式的创新，是伴随着微信的火热产生的一种网络营销方式。微信不存在距离的限制，用户注册微信后，可与周围同样注册的"朋友"形成一种联系，用户订阅自己所需的信息，商家通过提供用户需要的信息，推广自己的产品。但是在进行微信营销时，很多个人或者企业会陷入微信营销的误区，下面我们总结分析了几个常见的误区，来帮助我们的营销少走弯路。

1. 误区一：微信营销就是全部

当今社会是一个多元化发展的社会，营销方式同样如此。虽然微信营销正处于炙手可热的状态下，但是我们必须明白：这个时代的营销手段并不是只有这一种，除此之外还有电话营销、软文营销等多种方法，只有将这些方法与微信营销有机组合在一起，才能扩大营销范围，有效实现营销目的。因此，不要过度依赖微信营销，要多管齐下，合理运用每种营销方法。

2. 误区二：推送内容越多越好

微信推送消息是有限制的，所以有些公众账号就会在内容中注入大量信息，想要借此让用户看到更多宣传。孰不知，这种长篇累牍的消息很容易引起用户反感。要知道，主动权是掌握在用户手中的，当你的消息无法契合用户的心意时，用户就会取消对你的关注。因此，我们要选取精良的内容，有效利用图片、音乐等元素，为用户打造富有创意、舒适的阅读享受。

3. 误区三：发消息就是打广告

如果你认为微信就是免费的广告平台的话，那你将很难获得成功。要知道，用户是不会对一个只会发传单的公众账号感兴趣的。如果没有实质性内容，那么结果只会是从用户的关注中除名。因此，我们必须正确认识微信公众平台，为用户推送有价值的消息。

4. 误区四：粉丝多就代表客户多

粉丝数量多对于公众账号来说的确是一件好事，但是并不代表这个账号一定可以营销成功。因为只有真正的目标客户才会为我们创造价值，所以我们必须注重粉丝的质量。这就需要营销者推送广大粉丝喜闻乐见的消息，及时与粉丝互动，用创意与真诚来提高粉丝黏度，例如打造抽奖游戏、礼品赠送等活动。一定要牢记：只有提高粉丝质量，才有机会将其中的商业价值转化为利润。

五、 企业公众微信账号的营销

（一）企业公众微信账号的推广

高频率地利用现有一切可用的免费资源来推广新账号，比如企业官网、第三方营销网站、个人微博、企业微博及新浪微刊、个人博客和企业博客、个人微信和公众微信、QQ空间、QQ群、社区论坛、DM单、聊天工具的签名位置，甚至是与准客户的往来文档、个人名片等，从相对固定的免费广告到常写软文推广，从单方突出到集群亮相，从方便他人获知到为网络营销做准备。目前公众微信账号后台仍是空白，在没有搭建好后台之前，过多和过快地推广可能不是好事。一个新的微信公众账号人气需要慢慢发展，需要付出很长时间和更大精力来推广、运营和维护。

（二）企业公众微信后台的搭建

公众微信账号可分为四大类型，按"交互型"来搭建企业公众微信后台。企业名可能关注的人会少很多，如果使用一个与行业相关的名称时，关注的人会多一些。但行业公众微信一般都是带媒体性的企业或大企业的媒介部门，而对于一般的企业要做行业公众微信，只能从自媒体的角度加企业营销的方式运营。选择行业格局要按大企业的格局来做，在格局和素材的规划上都要有充分准备。

（1）适时采集和发布行业重大要闻，特别是与自己相关的细分行业新闻和看点。

（2）原创（写作）与自己产品相关的新闻见闻、行情观感以及用户使用情况分享。

（3）将主推产品以图文并茂的方式成文后添加至公共账号后台，便于让感兴趣的人通过预设的关键字回复的方式获取（分主推和由对相关内容感兴趣的人自行索取阅读）。

（4）将关注客户分组管理，可以分为：围观支持者（友情支持者）、意向客户、准客户、客户、同行、上下游供应商、下游合作伙伴等。为以后根据素材内容进行更高效和更加具有针对性的推广做好准备。

（5）以"自媒体＋行业动态＋其他分享＋精准服务"为基础，与关注者达成交流互动，特别为客户和准客户在获取相关资讯的全面性和及时性方面做好准备。

（三）企业公众微信的运营和维护

在内容方向，推送内容频率和互动方案的设计，都直接关系粉丝的数量和黏度，最后关系到该账号的质量以及其产生的效果。因此在运营公众账号时，在推广账号、搭建基础、采集信息和编写素材分享的同时及时与粉丝做适当的互动，并且在这个过程中积累经验。

（1）给企业的公众账号做个方向性的定位（初定位）。

（2）首先提升粉丝质量、后求互动效果、再求粉丝数量。

（3）先做自己喜欢和能做的素材（内容），加强相关专业知识学习，向可能成为半个行业专家努力，争取让准客户从喜欢这个公众账号（内容）到将准客户转化成为客户（或合作伙伴）的可能。

（四）APP 微信商店

每一个公众账号，可能都是一个 APP，微信 Store 是另一个 APP Store。但目前微信上的公众账号功能还太弱，只能算一个虚弱残废的 APP。虽然也有自定义回复，信息传输还是单项的，以推送信息和做客服为主，用户不能直接回复，只能通过其他留言方式来评论或提问。微信正在做更多的探索和尝试，比如和一小批合作伙伴测试公众平台的接入任何公司的 CRM 系统自定义接口功能。商家将能够通过这个接口为用户提供更个性化的服务，会有更多功能齐全的公众账号出现。

从目前微信的发展来看，微信这样简约而美好的应用，正避免走微博的老路，并不想让自己变成一个媒体，而是定位成一个开放的、居于多方合作的平台，类似于 APP Store。

1. 类似媒体的信息推送，像自媒体、公众账号的信息推送

目前，除了社交游戏方面的尝试，也有不少人在做自媒体方面的尝试。最有名的莫过于程凌峰的"云科技"，一天一万，卖广告。三个月已经收了 13 万元真金白银。另外，像"青龙老贼"也运营得不错，号称做微信自媒体相当靠谱，要像做产品那种做自媒体。但自媒体要求高，既要作者的定位鲜明，文章产量稳定，长度适中，且风格统一，质量稳定。否则，大多数人开始或许还尝鲜，后来不是取消关注就直接忽视。

服装品牌完全可以注册一个公众账号，每天跟用户或客户分享品牌相关的知识，跟用户交流、互动，给用户更好的体验。

2. 信息双向传输，实现人机交流

传统的媒体，信息传输通常是单向的。媒体的覆盖面广、权威大，话语权越大，传播的效率越高。互联网时代尤其是移动互联网时代，正是去权威化、统一化，要个性化、小众化、多中心化，更讲究的是互动。互动是互联网时代最大的特征，只有互动才能接近人类与生俱来的社交本能。

苹果的 Siri 做过模拟人类交流的人机交流，取得很好的效果。苹果想要用人机对话实现很多用户的需求，比如问个路况、天气预报、找个咖啡馆之类的。要给用户更好的体验，人机对话这方面的能力必须提高。

3. 基于位置信息的 LBS 搜索及其他应用

LBS 是移动互联网的利器。当前几乎所有的 LBS 社交应用都是围绕签到、陌生人聊

天、信息分享等内容，同质化非常严重。在第三方应用商店，移动位置的移动互联网应用中，功能上雷同。同质化对小团队来说，意味着死亡。由于得不到曝光，很多应用未出现就意味着死亡。由于同质化过度竞争，造成了该类应用开发的创业型公司的成功率非常低。

具有针对性的小众应用则更具有发展潜力，类似的应用，像"局计划"和情侣之间的"二人世界"等用于熟人间联系的应用。前者主要集中在朋友之间的聚会安排，可以查看好友是否到达，方便查看聚会的时间地点；后者主要是情侣之间的 LBS 社交移动互联网应用，可以随时关注另一半的动态。国外的 PATH 大热，也说明在特定人群中深度交往才能创造有黏度的用户。熟人的社交圈能够提高用户的信任度，降低安全风险。

另外，LBS 社交移动互联网应用需要融合更多的功能，与美食信息、折扣信息、团购信息等相结合，及时地评价和互动可以甄别这些信息的优劣。针对特定人群的 LBS 应用（如驴友）前景一片光明，依靠地理位置和朋友及时分享旅游信息。

LBS 社交移动互联网应用还处于发展初期，离成熟期还很远。要想在微信上得到很好的应用，必须有所创新，产品差异化定位，走不寻常之路，走小众路线，从非主流走到主流，都需要一个过程。

4. 呼叫中心或客服系统的应用

对于电商来说 CRM（customer relationship management，客户关系管理）最重要的就是对于用户的管理和细分。微信是具备强沟通属性的移动互联网产品，所以其具备了 IM（instant messaging，即时通信）＋CRM 的职能，具备沟通和用户管理的功能。微信正在小范围的测试可以接入任何公司的 CRM 系统自定义接口。通过这个接口，商家能为用户提供更个性化的服务。比如细分用户资料，细分的资料包括年龄、性别、地域、喜好在内的资料，实现通过微信公众平台的用户管理，用户可以非常自由地完成分组，并且可以选择按照地域、分组来做精准推送。将来 CRM 接口会更开放，这意味着将与很多大型 CRM 系统的后端对接，功能更加齐全、强大。通过微信的自定义回复功能，每个行业都会有自己的微信客服系统。

有数据表明："中国外包呼叫中心市场 2011 年为 701 亿元人民币。"如果微信能够替代 10% 的传统电话通讯，那么微信 CRM 呼叫中心就可以有 70 亿元的规模市场"。结合了二维码＋位置＋微信 APP＋富媒体＋移动支付＋Social CRM 的微信将是强大无比的移动互联网平台。打造基于微信端的企业虚拟呼叫中心，那么企业可以节省大量成本，对移动电商也将会有很大的推动作用。

（五）企业利用微信营销的案例

微信营销的风头已经扫过 2013 年中国大陆的每一个角落。下面是 2012 年微信营销的十大经典案例，希望通过这些案例，能够带给大家更多的微信营销知识，引起企业的思考。

案例一：中金在线——微信号：cnfol‑com

关键词：财经简报

营销方式：中金在线看得了财经新闻，查得到大盘指数。每天推送精选财经信息，提供各类投资服务。只需通过微信发送各股名称或代码，1 秒即可查询股票行情，轻松便捷省流量，实用性强，如图5-4和图5-5。

图5-4　　　　　　　　　　　　　　图5-5

案例二：美的生活电器——微信号：mideace

关键词：一站式服务

营销方式：售前售中售后一应俱全，通过美的生活电器的自定义菜单，微信用户可自主选择了解美的的产品及最新上市情况（售前），如需购买，可选择进入商城购买（售中）。还可通过微信查询售后服务，如查询服务网点、产品说明书、产品投诉、帮助及答疑等售后相关服务。大大拉近与客户的距离，也缩减了客户与企业之间的沟通成本，如图5-6。

图5-6

案例三：维也纳酒店——微信号：wyn88v

关键词：微信订房移动快捷

营销方式：维也纳酒店微信订房系统功能齐全，微信订房系统与官网订房系统打通。通过维也纳酒店的微信平台，除了可以直接进行酒店房间预订，客人还可以通过此微信平台进行积分、订单、酒店优惠信息的查询，预订完成后，手机会立即收到订房通知信息，让订房多了一种便捷的方式，如图5－7和图5－8。

图5－7　　　　　　　　　　图5－8

案例四：理肤泉 LaRochePosay——微信号：larocheposay1975

关键词：O2O 闭环

营销方式：6—7月，理肤泉发起舒缓喷雾50ML装小样派发活动。此次活动突破了以往的小样派发模式，运用了微信服务号，优化派发流程，有效提升了消费者体验以及用户信息与反馈的获取。回顾理肤泉案例：此次活动将线上小样申请与线下到店领取流畅地串联，同时把线下的消费者信息再通过线上返回到品牌的数据库中，实现了 O2O 闭环（online to offline，线上到线下，是指将线下的商务机会与互联网结合，让互联网成为线下交易的前台），如图5－9。

图5－9

案例五：去哪儿网——微信号：qunar－wang

关键词：呼叫中心式微信客服

营销方式：4月去哪儿网携手随视传媒，基于微信推出呼叫中心式的微信客服，成为国内首家把呼叫中心功能搬到微信上的 OTA 品牌。巧用微信的强关系交互和简便的第三方登陆能力，开发出"一扫分享"和"优惠券云卡包"等非常方便的旅游决策和旅游产品购买的创新服务。且自定义菜单各项功能实用性强，定位精准。微信客服推出后每天好友激增超过 2000 人，去哪儿网在微信上实践了一种小规模、高针对性、高 ROI 的社会化营销模式。最近的几次旅游产品抢购活动只限于微信好友，在促销活动前，去哪儿网通过多维度的标签（城市、性别、咨询记录、消费记录、偏好）筛选出目标用户做邀请。其 2 小时封闭专场卖掉 15 万元的旅游产品，启发我们抓准在线旅游行业的消费心理很重要，如图 5-10 和图 5-11。

图 5-10

图 5-11

案例六：天虹——微信号：rainbow-cn

关键词：微信支付第一枪

营销方式：你可以用微信"打飞机"聊天，但有没有想过可以用微信逛街。点击"立即购买"，支付方式选择"微信支付"，购买所得礼卡在全国任一家天虹实体店兑换消费，还可通过微信轻松推送好友，实现空中送礼，如图 5-12 和图 5-13。

图 5-12

图 5-13

案例七：易迅——微信号：m51buy

关键词：双十一微信专场

营销方式：易迅微信卖场"双11"全天下单达8万单，在双11当天零点推出的"微信卖场"，主打闪购闪电送的模式，11月11日0点正式在北京、上海、广州、深圳等几个核心城市上线。据了解，此次率先试水微信电商的易迅双11微信卖场主打"闪购"，在微信卖场中把移动端的快捷便利体现得极致。首先，挑选商品款式时，消费者不用点击各种标签、进入不同的商品类目反复选择，看中自己喜欢的商品就可以闪电下单；其次，根据易迅为微信卖场打造的专属购物流程，消费者点击商品后直接就可以进行订单确认，省去了加入购物车的步骤；此外，消费者确认订单后，还可直接通过绑定的银行卡进行微信支付，闪电完成整个购物操作，如图5-14和图5-15。

图5-14　　　　　　　　　　　　　图5-15

案例八：珀莱雅 PROYA——微信号：proyachina

关键词：市场活动微信化

营销方式：9到10月，珀莱雅发起肌肤盈养站活动。此次活动不仅在 PC 上搭建了 Minisite，还在官方微信上利用接口技术搭建了微信端的活动页面，增加了活动参与的平台，使消费者在手机上就能直接体验盈养站活动，并与线下柜台和天猫旗舰店打通，消费者可根据自身需求选择奖励方式：线下领取小样或者领取线上天猫优惠券，有效提升了消费者体验以及直接的消费转化率。回顾珀莱雅案例：此次活动将线上活动与线下到店领取、线上天猫优惠流畅地串联，实现了线上和线下的三方互动，如图5-16。

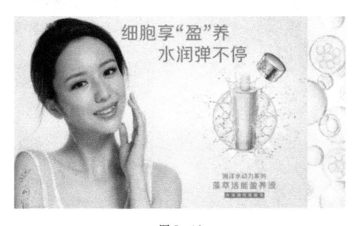

图5-16

案例九：聚美优品——微信号：jumeivip

关键词：微信首个美妆试用平台

营销方式：聚美优品 Free 派，微信首个美妆试用平台，按提示回答问题，将试用活动分享至朋友圈，便可获得产品的免费试用机会。聚美优品的定位精准，目标消费人群是女性，微信栏目内容很好地迎合了女性对美的需求，最 IN 肌密，讲述护肤秘籍，Beauty 制造，每周演绎不同色彩盛宴；时尚起底，起底圈儿最流行穿搭，每周五传递最时尚 Look，每日团购内容推送，支持货到付款和支付宝支付，大大刺激了消费，如图 5-17 和图 5-18。

图 5-17   图 5-18

案例十：小米手机——微信号：xmsj816

关键词：微信抢购

营销方式：11 月 22 日，小米公司宣布与微信展开战略合作，15 万台小米手机 3 将通过微信平台进行抢购，并通过微信支付绑定银行账号进行在线付款。花一分钱预订，即可获得小米手机 3 的 5 元抵扣券以及微信的米粉专属米兔表情包等众多优惠。通过小米微信公众号，除了可以更加方便地预订小米手机，微信抢购攻略、订单查询、小米产品系列的介绍和预订功能，进一步拉近了与粉丝的距离，如图 5-19 和图 5-20。

图 5-19   图 5-20

材料阅读

西少爷凭借一篇文章的成功微信营销：2014年4月7日开始，一篇《我为什么要辞职去卖肉夹馍》的文章在微信朋友圈里疯传。该文讲述了一个IT男从名校毕业后在北京著名互联网公司做"码农"，后因感觉工作枯燥，也因吃不上家乡正宗的肉夹馍，最终选择辞职创业开"西少爷肉夹馍店"的故事。也许是故事中的细节引起了诸多"北漂"的共鸣，也许是因为好奇有着互联网公司经历的人怎么去做了低端餐饮，也许是单纯被文章中的肉夹馍所诱惑，很多人追问：西少爷是谁？他的肉夹馍怎么样？

仅在4月7日开业第一天的上午，迅速卖光的肉夹馍就让小伙伴们惊呆了。这可能得益于他们的经营理念。虽然离开了互联网公司，但曾经的从业经历还是带给了他们不同的做事方法。孟兵说，我们互联网人有一个特点，就是相信只要把产品做好，不论投入多少、成本多少，最终都会得到回报，所以就坚持4个字——产品第一。

第三节 云计算与云存储

 任务描述

了解云计算和云存储的概念及原理，云计算的信息化给企业带来的积极影响和变革，并能为企业的云计算需求进行分析，以及公众个人云盘在企业中的应用。

任务分析

云计算和云存储是一种崭新的技术，很多企业可以通过云计算和云存储来降低企业的运营成本。如何为企业制定云计算的需求和云存储的应用，提升企业的竞争力，是我们本节需要学习的内容。

一、云计算与云存储

（一）云计算

云计算（cloud computing）是基于互联网的相关服务的增加、使用和交付模式，通常涉及通过互联网来提供动态易扩展且经常是虚拟化的资源，云是网络、互联网的一种比喻说法。过去在图中往往用云来表示电信网，后来也用来表示互联网和底层基础设施的抽象。用户通过电脑、笔记本、手机等方式接入数据中心，按自己的需求进行运算。

对云计算的定义有多种说法，目前广为接受的是美国国家标准与技术研究院（NIST）的定义：云计算是一种按使用量付费的模式，这种模式提供可用的、便捷的、按需的网络访问，进入可配置的计算资源共享池（资源包括网络、服务器、存储、应用软件、服务），这些资源能够被快速提供，只需投入很少的管理工作，或与服务供应商进行很少的交互。

云计算一般具有以下特点。

1. 超大规模

"云"具有相当的规模，Google云计算已经拥有100多万台服务器，Amazon、IBM、微软、Yahoo 等的"云"均拥有几十万台服务器。企业私有云一般拥有数百上千台服务器。"云"能赋予用户前所未有的计算能力。

2. 虚拟化

云计算支持用户在任意位置、使用各种终端获取应用服务。所请求的资源来自"云"，而不是固定的有形的实体。应用在"云"中某处运行，但实际上用户无须了解、也不用担心应用运行的具体位置。只需要一台笔记本或者一个手机，就可以通过网络服务来实现我们需要的一切，甚至包括超级计算这样的任务。

3. 高可靠性

"云"使用了数据多副本容错、计算节点同构可互换等措施来保障服务的高可靠性，使用云计算比使用本地计算机可靠。

4. 通用性

云计算不针对特定的应用，在"云"的支撑下可以构造出千变万化的应用，同一个"云"可以同时支撑不同的应用运行。

5. 高可扩展性

"云"的规模可以动态伸缩，满足应用和用户规模增长的需要。

6. 按需服务

"云"是一个庞大的资源池，你按需购买；"云"可以像自来水、电、煤气那样计费。

7. 极其廉价

由于"云"的特殊容错措施可以采用极其廉价的节点来构成云，"云"的自动化集中式管理使大量企业无须负担日益高昂的数据中心管理成本，"云"的通用性使资源的利用率较之传统系统大幅提升，因此用户可以充分享受"云"的低成本优势，经常只要花费几百美元、几天时间就能完成以前需要数万美元、数月时间才能完成的任务。

8. 潜在的危险性

云计算服务除提供计算服务外，还提供了存储服务。但是云计算服务当前垄断在私人机构（企业）手中，而他们仅仅能够提供商业信用。对于政府机构、商业机构（特别像银行这样持有敏感数据的商业机构）选择云计算服务则应保持足够的警惕。一旦商业用户大规模使用私人机构提供的云计算服务，无论其技术优势有多强，都不可避免地让这些私人机构以"数据（信息）"的重要性挟制整个社会，而对于信息社会而言，"信息"是至关重要的。另一方面，云计算中的数据对于数据所有者以外的其他云计算用户是保密的，但是对于提供云计算的商业机构而言确实毫无秘密可言。所有这些潜在的危险，是商业机构和政府机构选择云计算服务，特别是国外机构提供的云计算服务时，不得不考虑的一个重要前提。

（二）云存储

云存储是在云计算概念上延伸和发展出来的一个新的概念，是指通过集群应用、网格技术或分布式文件系统等功能，将网络中大量各种不同类型的存储设备通过应用软件集合起来协同工作，共同对外提供数据存储和业务访问功能的一个系统。当云计算系统运算和处理的核心是大量数据的存储和管理时，云计算系统中就需要配置大量的存储设备，那么云计算系统就转变成为一个云存储系统，所以云存储是一个以数据存储和管理为核心的云计算系统。简单来说，云存储就是将储存资源放到云上供人存取的一种新兴方案。使用者可以在任何时间、任何地方，透过任何可联网的装置连接到云上，方便地存取数据。

云存储的结构模型主要由以下四层组成。

1. 存储层

存储层是云存储最基础的部分。存储设备可以是 FC 光纤通道存储设备，可以是 NAS 和 iSCSI 等 IP 存储设备，也可以是 SCSI 或 SAS 等 DAS 存储设备。云存储中的存储设备往往数量庞大且分布广，彼此之间通过广域网、互联网或者 FC 光纤通道网络连接在一起。

存储设备之上是一个统一存储设备管理系统，可以实现存储设备的逻辑虚拟化管理、多链路冗余管理，以及硬件设备的状态监控和故障维护。

2. 基础管理层

基础管理层是云存储最核心的部分，也是云存储中最难以实现的部分。基础管理层通过集群、分布式文件系统和网格计算等技术，实现云存储中多个存储设备之间的协同工作，使多个的存储设备可以对外提供同一种服务，并提供更大、更强、更好的数据访问性能。

3. 应用接口层

应用接口层是云存储最灵活多变的部分。不同的云存储运营单位可以根据实际业务类型，开发出不同的应用服务接口，提供不同的应用服务。比如视频监控应用平台、IPTV 和视频点播应用平台、网络硬盘引用平台，远程数据备份应用平台等。

4. 访问层

任何一个授权用户都可以通过标准的公共应用接口来登录云存储系统，享受云存储服务。云存储运营单位不同，云存储提供的访问类型和访问手段也不同。

（三）云计算与云存储的关系

与云计算系统相比，云存储可以认为是配置了大容量存储空间的一个云计算系统，图 5-21 是云计算和云存储的架构模型对比。

（四）移动云计算与云存储

按我们以往的观念，移动通信就是用手机等掌上设备与别人进行交流，但是随着时代的发展，以及人们对于"随时随地工作"和"随时随地应用智能计算"的迫切需求，移动计算变得越来越重要，这其中又根据使用终端可分为可携带式电脑、PDA 和智能手机这几种移动计算模式。相比之下：可携带式电脑性能最强，但携带方便性和电池续航能力远不及后两者；相对于手机来说，可携带式电脑和单纯的 PDA 的通讯功能较弱，而我国的 WiFi 热点普及率并不满足需求，因此在数据交换方面要稍差于智能手机。所以对于较为简单的移动计算来说，智能手机终端更是最为合适的设备，因此发展基于智能手机的移动计算是十分必要的。

把"云计算"概念运用于移动计算领域，便会得到意想不到的效果，运用远端"移动云"的高速处理能力，即使智能手机本身性能不高，但只要满足与远端"移动云"的输入输出数据交换，便能够得到理想的结果。因此，"移动云计算"在移动计算领域是重要且有前景的一个方向。

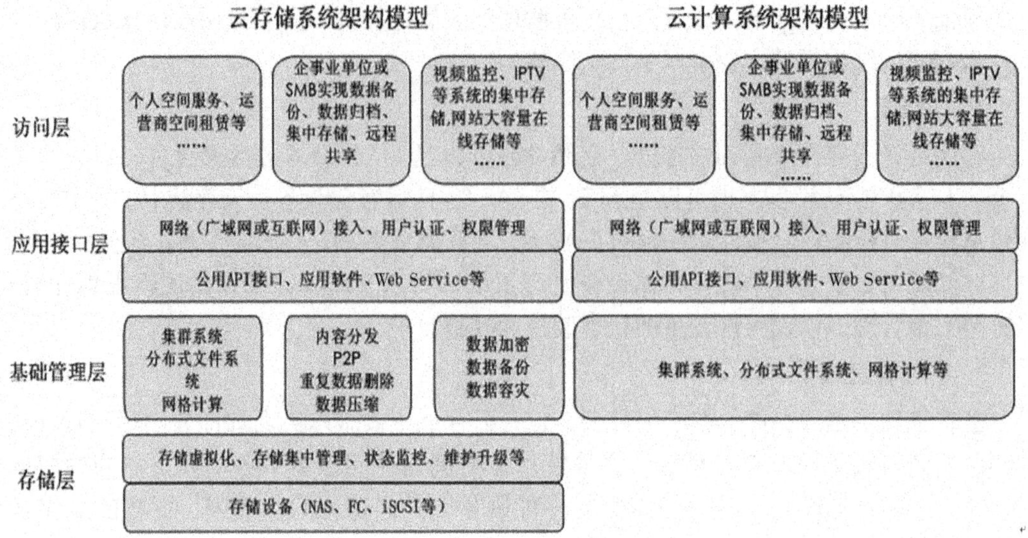

移动互联网技术应用基础

图 5－21　云计算与云存储架构模型

　　"移动云计算"解决了智能手机处理能力不足的问题，"移动云存储"则可以解决智能手机存储能力不足的问题。面对现今越来越大的数据容量，在本地进行存取对于智能手机来说必然吃不消，运用"移动云存储"技术则可以解决这个问题，现在电脑的存储器件价格已经越来越低，在"移动云"端构建一个足够大的数据库并不困难，只要处理好数据权限问题便能很好地解决手机数据存储问题。除此之外还会带来另一个好处，就是数据分享更加便捷。对于商业用户来说，各部门协力处理同一任务的情况经常发生，利用"移动云存储"则可以很好地协调大家的工作进度，而且可以做到智能手机移动计算与公司的台式机固定计算协同，对商业用户来说非常重要。因此，移动云存储不仅作为移动云计算的一个辅助，而且作为单独的数据分享平台也是十分有用的。

　　要完成"移动云计算"和"移动云存储"还有一个关键的要素就是无线带宽。在台式机的云计算方面，带宽和延迟是一个重大的问题，但是我们遇到了一个很好的契机：随着4G 的到来，移动互联能提供足够的传输速率，可以满足移动云计算的要求。

二、 云计算对中小企业的影响

(一)低成本

　　云计算带来的低成本效益主要体现在客户端的低成本采购、更低的 IT 基础设施成本、更低的软件成本。这种成本的降低来源于 IT 运作模式的改变，由传统的企业自建 IT 基础设施和运行软件模式转为云计算模式下企业通过客户端使用云中的 IT 基础设施和软件。

1. 低成本的云计算客户端

　　在云计算中运行的是基于 Web 的应用，其应用程序是在云环境下运行而不是在个人计算机上运行，个人计算机并不需要传统的桌面软件所要求的处理能力或硬盘空间，所以云客户端不需要高性能(相对应的高价格)的计算机来运行云端软件，因此云计算的客户端计算机可以是低价的，具有较小的硬盘、更少的内存、更高效的处理器，能浏览网络即可。

2. 低成本的 IT 基础设施

在企业组织中，通过采用云计算模式，IT 部门可以降低成本。无须投资于更多更强大的服务器，IT 人员可以使用云的计算能力来补充或取代内部的计算资源，特别是具有高峰需求的公司再也不需要购买设备来应对峰值；利用云计算中的计算机和服务器，峰值运算需求很容易得到满足。

3. 低成本的软件成本

使用云计算中的 Web 软件，不需要为组织中的每一台电脑都安装单独的软件包，只有那些具有实际应用需求的员工访问云中的应用程序。即使使用基于 Web 的应用和类似的桌面软件花费相同，IT 人员也节省了在组织中每个桌面上安装和维护这些程序的费用。至于软件的成本，由于云计算供应商会收取与传统应用软件公司收取的许可购买费用一样多的租金，但是早期的云服务案例表明云服务的价格大大低于类似的桌面软件，对于小型企业来说，有很多云服务提供商（如 Google）可以免费提供给他们使用基于 Web 的应用。

（二）实时的更新和维护

无论何种规模的企业，云计算在降低硬件和软件的维护费用方面给企业带来了收益。在云计算中，企业 IT 人员对系统的维护主要是通过云计算服务提供商为企业客户提供的良好用户体验界面，对本企业租用的硬件和软件进行配置和维护的，而后端的维护工作是由云计算服务提供商负责。在软件更新升级方面，用户不需要在过时的软件和高昂的升级费用之间做出选择，对基于 Web 的应用程序，更新自动进行，并在下一次用户登录到云计算平台时自动生效，用户访问的基于 Web 的应用程序总是处于最新版本，无须支付升级费用或下载更新。

（三）随需应变，可扩展的计算能力

随需应变，即云计算服务提供商按照用户不断变化的需求提供相应的硬件、软件和服务。传统 IT 基础设施的一次性投入成本过高，其资源在空闲时处于闲置状态，得不到有效的利用，而在使用高峰期则会出现服务器处理性能不够的情况，这种情况下如果采用云计算弹性动态分配资源的方式，当企业业务猛增或客户端数迅速增加时，对计算机的负载能力和处理能力提出了较高的要求，云计算能力和存储能力会根据企业的需要而动态增加，而且使用的波峰和波谷租用的计算能力也是不同的，IT 资源到有效利用。

（四）增强的数据安全

云计算存储的数据与本地存储的数据的安全性是不同的。本地计算机中硬盘的崩溃会丢失宝贵的数据资料，而云计算服务器中的数据是实时备份、自动复制的，部分服务器崩溃不会影响用户的数据存储。云计算的服务器集群采用高可靠数据中心架构，系统能做到均衡负载、实时备份、异地容灾备份，同时系统还采用了严格的权限控制和加密传输技术，防止信息被截获泄密，不同客户之间的数据存储是相互隔离和独立的，云计算服务提供商与客户企业间会签订相关的安全协议。

（五）系统兼容性更强

系统兼容性指的是不同操作系统之间的通信和数据共享之间存在的兼容性问题。传统

模式下，Windows 操作系统、MAC 与 Linux 操作系统之间的连接共享需要较高成本的兼容性架构设计来完成，而云计算中操作系统不再重要，所有操作系统均接入云中，然后不同操作系统通过浏览器客户端访问共享数据，在这里数据重要性要高于系统，所以不同文件格式之间的共享也不存在兼容性问题，云计算共享的是数据，基于 Web 应用程序创建的所有文件也不存在兼容性问题。

（六）更容易的群组协作和普适访问

由于云计算的运营模式是基于 Web 的，而接入互联网的用户都可以通过 Web 的方式对系统进行操作。云计算的群组协作指的是云计算模式下，多个用户通过 Web 应用程序共同完成在文档和项目上的合作。不同地理位置下传统的项目合作模式是文档通过电子邮件或网络通信工具或邮件的方式从一个用户分发给另一个用户，顺序进行工作；云计算中的群组协作使得项目成员之间可以同时访问文档，一个用户对文档的编辑可以同步实时地反映到另一个用户，大大提高了工作效率。而且只要可以联网的计算机都可以完成这项工作，这也正是普适访问的概念，云计算跨越时间地点的限制，随时随地通过网络就可以完成在企业内部能够完成的工作。

（七）性能优势

云计算软件相当于每个客户通过浏览器就可以使用超级计算机。由于云计算应用是通过 IaaS（infrastructure as a service，基础设施即服务）、PaaS（platform as a service，平台即服务）、SaaS（software as a service，软件即服务）这些概念落地形成的技术架构支撑，由庞大的服务器集群、高性能的系统平台和云计算构架的信息系统集成的超级服务系统，所以其性能要高于一般企业级应用软件的性能，它能达到超级计算机的性能。由于云计算采用分布式的计算方式，系统会将用户的每一次事务细分任务、定向解析、自动调度到云计算平台的服务器集群中共同响应完成，能以最快的速度给客户提供应用服务。

三、 中小企业应用云计算的必要性分析

云计算的信息化建设模式在企业应用中具有很大的优势，从麦肯锡的调研数据中能够看出云计算更适合于中小企业，但并不是说云计算模式只适合于中小企业，而不适合于大型企业。云计算划分为公共云、私有云和混合云，我们所要研究的中小企业的云类型是公共云，而大型企业则可以利用私有云构建云计算环境，中小企业没有足够的资金实力，所以更倾向于利用公共云部署信息化环境。

（1）当前云计算环境下的企业应用仍处于起步阶段，面临着很多问题，这些问题需要不断成熟的案例逐步解决。这种新型的信息化建设模式尽管存在很多优势，但收益与风险并存，大型企业一般不会选择这种方式，潜在不成熟的技术和商业模式的风险加大了大型企业进入的障碍，而中小企业信息化基础薄弱，运用云计算的收益大于风险，相比大型企业而言风险较小，他们更倾向于云计算。

（2）中小企业信息基础设施较少，很多中小企业处于信息化建设的初级阶段，软件和硬件基本为零，可以采用公共云的灵活部署模式，按需租赁使用和付费。相比较大型企业而言他们拥有一定的硬件和软件资源基础，通过由大型云服务提供商为企业订做内部云比较合适。

（3）中小企业业务结构简单，业务流程没有大型企业复杂，对系统功能要求相对简单，利用公共云基本可以解决基本的需要。相比大型企业的业务流程繁多，系统要求较高，适合私有云。

（4）数据的复杂性和安全性要求比大型企业低，很多中小企业信息化的基础数据较少，对已有信息化数据的依赖性较差，向云计算转移较容易，而且这些数据多为日常办公的非核心数据，适合采用公共云平台。而相比较大型企业长期信息化内部建设形成的数据非常复杂，转移到云计算的成本较高，可以为企业设立在防火墙内部的私有云。

（5）公共云的个性化配置能够满足我国中小企业的存在差异性的个性化需求，根据自己的业务需要有针对性地配置云服务应用。

总之，公共云的优点之一是，它们可以比一个企业的私有云大很多，因而能够根据需要进行伸缩，并将基础设施风险从企业转移到云提供商。如果是临时需要的应用程序，可能最适合在公共云上部署，因为这样可以避免为了临时的需要而购买额外设备的情况。同时，永久使用或对服务质量或数据位置有具体要求的应用程序，最好在私有云或混合云上部署。

综上可以看出，中小企业信息化建设采用公共云更符合其发展现状，相比大型企业从公共云中更能受益。尽管现阶段中小企业更倾向于公共云，但未来不管大型企业还是中小型企业都必然是公共云模式的云计算。

四、 中小企业应用云计算的需求分析

（一）总体需求分析

企业要成功实施信息化，首先必须制定信息化规划，而信息化规划的第一步就是要进行需求分析。即使对于组织结构相对简单、信息化需求较少的中小企业而言也要进行总体的需求分析，这涉及企业长远发展以及能否顺利实施云计算信息化的问题。对于云计算的信息化需求分析，中小企业可以采用第三方咨询与云计算服务提供商参与相结合的方式，在 IT 应用现状、组织结构和业务流程等方面进行总体的信息化需求分析。

云计算信息化建设的需求分析是一个具有层次性和结构性的系统化分析过程，是一个自上而下的需求构成，包括战略层、运作层和技术层三个层面的需求分析。

1. 战略层需求分析

企业信息化建设主要目的之一就是增强企业竞争力，通过信息化建设为竞争力的提升提供高效的支持环境。所以，企业信息化建设已经成为公司治理和企业运营管理的重要内容，企业信息化的需求也是企业战略规划中总体需求的一部分，所以云计算的信息化建设，特别是从传统信息化模式迁移到云计算模式下，这需要一个长期的信息化战略规划，对正在成长中的中小企业尤为重要。

2. 运作层需求分析

在战略需求分析的基础上，需要对企业整体业务流程和管理流程进行需求分析。云计算的信息化建设模式的交付、实现和运作方式与传统的信息化模式有很大的不同，在便捷性、共享性等方面云计算模式的应用将极大改变业务的运作方式，所以有必要对企业运作层面进行需求分析。

移动互联网技术应用基础

3. 技术层需求分析

企业信息技术是企业发展的重要支撑环境，对于已经实施信息化的企业而言，他们面临着现有信息系统中各个模块功能向计算系统的转换和迁移，而对于尚未开展信息化的小型企业，则需要根据发展现状和业务需求分析来选择使用何种云计算技术，这些都需要进行企业技术层面的需求分析，特别是后续的系统维护、升级、整合等方面，都要做系统的规划。

以上三个层次的需求是相互联系、相互影响的，并不是孤立存在的。信息化需求是信息化建设中系统规划的重要内容，需要对各个层次的需求做综合的分析，才能保证信息化建设的顺利进行。

（二）需求特征分析

云计算企业信息化建设的效益因不同的企业类型而不同，并不是所有类型的企业都适合采用云计算。按照规模大小可以将企业分为大型企业、中型企业、小型企业，从企业规模和信息化发展状况以及对信息要求的不同来分析，中小企业更适合云计算。麦肯锡认为，中小企业可受益于云端服务，而现在的云端服务对大型企业而言仍有障碍，云端服务对大型企业的数据中心而言并没有表现出更大的成本效益。麦肯锡以 Amazon 云端服务为例，指出大型企业租用云端数据中心服务，每月的单位运算成本为 366 美元，比传统的大型企业数据中心每月成本的 150 美元多了 144%。

那么哪些中小企业更适合采用云计算平台开展信息化建设并从中受益最大呢？这要根据中小企业的不同发展特征有针对性地采用云计算模式。

1. 企业信息化不同的发展阶段对云计算的需求不同

目前还处于手工管理阶段的企业比较适合采用云计算模式，处于起步阶段的中小企业的 IT 建设几乎从零起步，采用软、硬件租用模式后，可以加快信息化建设进程，实现跨越式的发展，享受信息化服务。

2. 业务和销售区域的分布特点也是中小企业选择云计算的重要因素

如果中小企业的业务范围是多点分布和管理的，信息化要求数据能够在不同公司之间共享，云计算的信息化建设模式可以低成本、高效地实现异地信息的快速共享和使用。

3. 企业内部 IT 管理能力是影响云计算选择的重要因素

对于信息化建设已经起步的中小企业，信息化的外包就需要考虑自身的 IT 系统和 IT 管理人员的素质，结合内部系统的灵活性和完整性来进行选择，而对于 IT 管理能力较差的企业则可以采用云计算，交由云计算服务提供商统一规范管理。

4. 相互协作的工作性质

如果经常需要与他人在同一项目上进行协作，则采用云计算模式比较合适。在多个用户之间实时共享和编辑文档的能力是基于 Web 应用的主要优势之一，如可以在项目中与工作组成员共同完成一项任务或向公司管理人员异地汇报工作，应用云计算可以大大提高工作效率。

5. 需求的日益增长

处于成长中具有日益增长需要的中小企业也比较适合采用云计算建设模式。随着企业业务范围的扩大和规模的增长，相对应的数据处理量也变大了，对系统功能的要求也与日俱增，应用云计算的按需租赁模式可以根据软、硬件的需求情况自动地增加云服务的性能，而不同于传统建设模式下重新设计构建，增加新的硬件和软件。

五、 公众个人云盘在企业中的应用

(一) 云盘

随着市场竞争的日益激烈，产品的生命周期不断缩短，顾客需求的个性化和多样化日趋明显，因此以前传统化和标准化的产品难以适应现代网络持续发展的要求。在网络化这个大时代中生活及工作，便捷、轻松、高效、安全已经成为主流趋势。

现在信息数据化的普及，人们已经习惯信息数据的生活，各种文件、书籍、邮件、照片、音乐、影像视频均脱离了实体物质，转化成由无数数据组成的信息流，只需要一个无形的空间存储就可以满足。在网络发展的趋势下 U 盘、硬盘、磁盘已经无法满足人们生活和工作的需求了。这些存储盘虽然都便于携带，但易丢失、损坏，造成存放的资料遗失，在丢失过程中资料也有可能被盗窃，给生活和工作带来不必要的麻烦以及财产的损失。因此，随着人们的需求，随着人们的生活、工作趋势化引导孕育出了云盘。

云盘，顾名思义就是云端网络存储服务器，是一个专业网络存储平台。其实说简单点，就是申请一个云盘账号，通过这种账号把资料存在网上，不管到哪里，只要可以上网就能随时随地查看资料，触手可及。目前，市面的云盘有 360 云盘、金山快盘、百度云盘、腾讯微云、艾普云盘和酷盘，这些具有代表性的云存储服务平台在展示云盘时各施所长，为了让广大网民更深层次地了解云盘，它们几乎都采用免费试用的策略，给予广大网民一定空间来存储自己的文件、照片、视频、音乐等。企业的云盘存储中心将自动地在多个服务器上同时备份用户资料，实现多重安全保险，还可用于企业协作办公，通过跨平台的互通互联实现多台电脑的文件同步。

企业在使用云盘时可以集中管理，对文件的管理分级授权，最高管理者可以直接查看所有群组成员的文件，而群组成员不能查看管理员的文件，当然管理员授权分享的文件除外。在存储空间上依据需要随时扩展，支持 PB 级大数据文档存储。同一个公司、部门、小组可以协同办公，出差会见客户无须拷贝方案、合同文件，只需将文件存储在云盘里就可以随时随地实时同步查看、下载。或者直接通过手机上传电脑也可进行查看，所以是无平台限制，只要能联网的终端都可以访问。单从备份措施上来说，云盘的服务器就比 U 盘、移动硬盘可靠。上传的文件，先会在三个硬盘上实时自动进行"热备份"，以防备不时之需。想一想，你的文件被备份了三份，就好比你在 U 盘、移动硬盘和光盘上同时备份了文件，同时损坏的可能性有多大呢？如果云盘服务器的一份文件出现问题，马上会从另外两处复制出一份来，保障你的文件始终有足够的备份。除了"热备份"云盘服务还会定期做一些"冷备份"和"差异备份"，并且将所有的备份数据同步到全国各地的其他数据中心去。文件不仅在一个数据中心机房里的多台服务器上存储了多份，同时还在其他省份的数据中心也做了备份。所以，即使一台服务器死机，甚至数据中心被破坏，文件也还能从别处下载到。随着云盘技术的快速发展，云盘存储走向企业是必然的，也是一个主流趋势。

云存储一进入国内，就以异常惊人的速度成长，短短几年，就有金山快盘、华为网盘、酷盘、360 云盘数十个云存储产品面世，带宽的制约也正逐渐消失。随着网络接入速度的提升和4G移动网络的商用，云存储将会得到快速的发展，为企业办公信息化提供更大的便利。

（二）目前市面上免费大容量"云盘"介绍

1.360云盘

360云盘是奇虎360公司推出的在线云存储软件。360云盘为每个用户提供360G的免费初始容量空间，通过简单任务和抽奖可以扩容到360T(1T=1024G)甚至更多，足够存放你所有的工作文档、照片或者歌曲等资料，满足日常所需。可以在手机端无线查看和管理360云盘里的文档、照片、小说等内容，在手机端轻松上传照片、文档等内容到360云盘，同时提供照片备份功能，把手机里的照片备份到360云盘里，简单快捷又安全。提供拍照上传功能，手机里拍张照片，就可立刻在电脑上的360云盘中查看。360云盘支持多平台及移动设备，让生活更加畅通。

2. 百度网盘

百度网盘是百度推出的一项云存储服务，是百度云的其中一个服务，首次注册即有机会获得15GB的空间，目前有Web版、Windows客户端、Android手机客户端、iPhone版、iPad版、WinPhone版等，用户可以轻松地把自己的文件上传到网盘上，并可以跨终端随时随地查看和分享。用百度用户账号即能登陆网盘，它的容量不设上限。尽管它的初始容量为15G，但通过邀请好友及绑定微博等方式，可以一直无上限扩容。百度网盘的另一优势是离线下载功能，只要输入你需要下载的文件链接，服务器将自动帮你下载到网盘中，十分方便快捷。

3.115网盘

115网盘注册的免费初始容量为15G，通过付款方式，可以升级到1T容量的贵宾套餐。不过对办公和学习来说，15G已经足够了。115网盘的客户端——优蛋，并不能像360云盘或者百度网盘那样，在电脑生成直接可以在多台电脑同步文件的目录，但其客户端可以快速拖曳上传及下载，亦十分方便。

115网盘区别于其他网盘的最大特色是，在存储与分享的基础上融入了社交功能，无缝整合网络存储、即时通讯、微博、资源圈、应用市场等多种互联网应用。

除了以上这些云盘，还有很多云盘企业推出了各种云盘。

（三）云盘应用

下面以360云盘为例介绍云盘的功能和应用。

360云盘是奇虎360公司推出的在线云存储软件。无须U盘，360云盘可以让照片、文档、音乐、视频、软件、应用等各种内容随时随地触手可及，永不丢失。"云盘"另一个亮点是把网页操作和本地操作融为一体。用户既可通过网页上传及下载文件，亦可在办公电脑及家庭电脑安装客户端，只要在其中一端的电脑上把文件储存到指定的目录，就能轻松实现办公电脑和家庭电脑的文件同步。

360云盘为每个用户提供的免费初始容量空间，完全满足日常所需。通过云盘网页版上传单个文件限制在200MB；如果需要将更大文件上传到云盘，建议安装使用云盘客户端软件，支持上传的单个大小为5G以内的文件。

360云盘除了提供最基本的文件上传下载服务外，还提供文件实时同步备份功能，只需将文件放到360云盘目录，360云盘程序将自动上传这些文件至360云盘云存储服务中心，同时当在其他电脑登录云盘时自动同步下载到新电脑，实现多台电脑的文件同步。

360云盘除了拥有网页版、PC版以外，还增加了iPhone版跟安卓版的360云盘手机端，360云盘iPhone版已经正式登录APP Store。iPhone用户可以去APP Store下载。安卓的用户也可以去360手机助手中下载安装360云盘安卓版。

360云盘优点：

（1）在PC客户端支持拖拽文件夹或文件并自动上传。

（2）多台电脑、手机上更新的内容可以实时同步上传至云端，并同步下载到每台电脑。

（3）可批量下载且文件名保持原名。

（4）文件或文件夹可生成外链，发给好友共享、下载。

（5）图片上传可设置不压缩，保持图片原像素和清晰度，文件大小不变。

（6）通过PC客户端上传的单个文件的大小随着用户等级提升不断增大（如几天使用后升到LV5级，用客户端上传的单个文件达到400MB、外链分享文件的下载总流量为30G）。

 材料阅读

你可能认为医院这种地方云计算没有什么用处，但是事实不是这样的。Banner Health已经建立了一个模拟医院，通过建立数字图像系统，将X射线和核磁共振成像捕获的诊断信息进行快速的共享，从而培训医务人员。

Banner Health模拟医学中心占地5.5万平方英尺，它用71台计算机模型来模拟病人，每年培训1800多名护士。同时还提供了基于计算机上的手术模拟，有助于提高操作技巧。它的图片存档和通讯系统将集X射线、核磁共振、电脑断层/CAT扫描、超声设备拍摄的数字图像进行采集、传输、显示和储存，这些图像的规模在10MB—5GB之间，以前访问这些图像也许要几个小时或者几天，现在几分钟就可以完成。

这些设施的基础就是云计算提供的。Banner Health使用NetApp公司的StorageGRID对象存储软件来管理图像。经过6个月的搭建后，Banner Health建立了一个在亚利桑那州的数据中心，该中心拥有300 TB（计划扩展到1.2 PB）的云存储网格，同时还建立了两个利用HP ProLiant DL380服务器以及HP StorageWorks模块化智能阵列构建的二级数据中心（70 TB）。数据之间的迁移由不同部门的需求而定。

第四节　移动电子商务及支付

任务描述

　　掌握移动商务的概念以及在企业中的应用，理解移动支付的发展演变和应用，同时通过本节的案例剖析，能构思一些企业的移动电子商务应用。

任务分析

　　移动电子商务颠覆了很多传统的商业模式，同时也创新了公司的发展变革，移动支付大大便利了我们的生活，我们应该如何在互联网飞速发展的今天，让移动电子商务和移动支付来创新企业的发展和改变我们的生活，这是本节我们要学习的内容。

一、　移动电子商务概述

　　移动电子商务就是利用手机、PDA 及掌上电脑等无线终端进行的 B2B、B2C 或 C2C 的电子商务。它将因特网、移动通信技术、短距离通信技术及其他信息处理技术完美地结合，使人们可以在任何时间、任何地点进行各种商贸活动，实现随时随地、线上线下的购物与交易、在线电子支付以及各种交易活动、商务活动、金融活动和相关的综合服务活动等。

　　移动电子商务(M – Commerce)，它由电子商务(E – Commerce)的概念衍生出来，电子商务以 PC 机为主要界面，是"有线的电子商务"；而移动电子商务，则是通过手机、PDA(个人数字助理)这些可以装在口袋里的终端来进行，无论何时、何地都可以开始。有人预言，移动商务将决定 21 世纪新企业的风貌，也将改变生活与商业的地形地貌。

　　移动电子商务具有灵活、简单、方便的特点，因此移动电子商务非常适合大众化的应用。移动电子商务不仅仅能提供在因特网上的直接购物，还是一种全新的销售与促销渠道。它全面支持移动因特网业务，可实现电信、信息、媒体和娱乐服务的电子支付。不仅如此，移动电子商务不同于目前的销售方式，它能完全根据消费者的个性化需求和喜好订制服务。设备的选择以及提供服务与信息的方式完全由用户自己控制。

　　智能手机、PDA、便携式电脑等各种移动终端的大量出现，为移动电子商务的发展打下了良好的基础。特别是我国手机用户已达世界第一的规模，移动互联网风起云涌，包括 4G 技术的商用，预示着移动商城时代即将来临，随时随地购物、娱乐、工作、支付、阅读，在超速跑道上可以自由行。三网融合的进程正在加速，三屏融合催生超级智能手机的出现，不受空间、时间限制地在网上来去自如，电子商务的黄金时代即将到来。

　　电子商务是服务高度集中的行业，是企业与客户互动交流的平台，无论是邮件、即时通讯、论坛在线还是电话服务都可以在智能手机上实现了，3G 网络仅仅是电子商务发力的基础，4G 技术的商用将为消费者提供一个高速通道，可以通过视频感受实物的本质，3D 技术在手机上的应用将通过智能手机让消费者有身临其境、置身商场购物的感觉，无论是商品的色泽、款式、功能都一目了然。面对消费需求的不断变化，电子商务的无缝隙覆盖特点和智能手机的随身行，将颠覆传统的商业模式，无处不在的网络可以将全球各地的任何商品一击而就，3G 网络的普及、4G 技术的商用，智能手机的无所不能，无缝覆盖的电子商务，通过人手一部的智能手机，人们掌握世界，移动电子商务必将迎来一个全新的辉煌时代。

　　网络移动通信技术和其他技术的完美组合创造了移动电子商务，它是通过多种核心服务业务的延伸来推动市场的发展。如图 5-22，移动电子商务目前能提供以下核心服务业务。

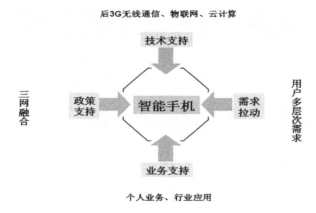

图 5-22　智能手机移动商务支持

(一)银行业务

　　移动电子商务使用户能随时随地在网上安全地进行个人财务管理，进一步完善网上银行体系。用户可以使用其移动终端核查其账户、支付账单、进行转账以及接收付款通知等。

(二)移动交易业务

　　移动电子商务具有即时性，因此适用及时性非常高的交易业务，例如证券交易。移动设备可用于接收实时证券信息，同时可以发送交易订单并安全地在线管理证券交易。

(三)订票业务

　　网上预订机票、车票或入场券已经发展成为一项主要业务，其规模还在继续扩大，从网上可方便地核查票证的有无并进行购票和确认，移动电子商务用户能在票价优惠或航班取消时立即得到通知，也可临时更改航班或车次。同样通过这个业务系统也可以进行其他票务的订购。

(四)购物业务

　　移动电子商务用户能够通过移动通信设备进行网上购物。即兴购物将会是移动电子商务的一大增长点。如订鲜花、礼物、食品或快餐等，传统购物也可通过移动电子商务得到改进。

(五)娱乐业务

　　移动电子商务将带动一系列娱乐服务。用户可以从移动设备上收听音乐、订购下载特定曲目并支付费用，还可以在网上玩交互式游戏并为游戏付费。

二、 企业主要移动商务应用

企业移动商务应用归纳起来大致有以下四个方面：一是移动办公（例如外地出差人员可以随时了解出差前未完成事务的办理进程，也可以通过移动终端办理）。二是移动 ERP，在企业 ERP 中嵌入移动商务功能，可以使企业完成采购、生产、运营等流程实现移动作业。（例如，库存随时预警帮助有关决策人员随时掌握库存情况，销售人员用移动终端上传采购数据，可以保证数据更加及时）。三是移动 CRM，在企业 CRM 中嵌入移动商务功能，可以使企业在市场销售、服务等环节与客户更好地进行沟通（例如，客户可以通过移动终端与销售人员互动，销售人员也可以通过移动终端全面及时了解客户情况，及时为客户提供产品或服务信息）。四是拓展企业门户网站的移动商务功能（例如将企业招聘信息发送到求职者手机中，增加一些诸如旅游信息、地理信息、天气信息等，为企业客户提供贴心的服务）。

目前企业通用的移动电子商务的盈利模式主要有下面几种。

（一）终端＋应用

"终端＋应用"盈利模式如图 5-23 所示。

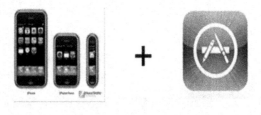

图 5-23 "终端＋应用"盈利模式示意图

（二）软件 + 服务

"软件 + 服务"盈利模式如图 5 - 24 所示。

> 未来智能手机终端的智能化将更多的需要以软件厂商、运营商、内容提供商合作的方式实现。

随着行业竞争的加剧，软件平台、应用服务的结合也将成为竞争的焦点；

> 软件+服务成为新的竞争模式，也是盈利模式。该模式强调的是软件服务化。

NOKIA 诺基亚	诺基亚移动互联网转型 音乐、地图服务；
Google	Google承担操作系统平台商、应用开发商、少量内容提供商的角色，联合多家企业组建Andriod开发联盟，同时整合了运营商、手机制造商、芯片商，并开发自有手机终端，通过软件+服务的模式获得多重盈利。
Microsoft	WP7、PC行业软件应用移植
JC 优视科技 NetQin网秦 UFIDA用友	专注于手机应用软件类企业，通过软件应用积累用户，并通过为用户提供增值服务或与其他服务进行结合，实现盈利。 如UC同阿里巴巴的合作，提供用户通道打造手机淘宝网，进军移动电子商务；用户移动的移动商街；

图 5 - 24　"软件 + 服务"盈利模式示意图

（三）传统移动增值业务

传统移动增值业务盈利模式如图 5 - 25 所示。

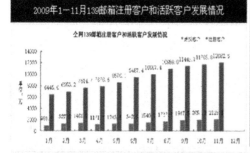

◇ 截至2009年11月底，全网139邮箱业务注册客户数12082.6万，活跃客户数2125.1万，收费客户数212.8万， PushEmail活跃客户数102.5万。

◇ 活跃客户数排名前5位的省份分别为广东、河南、湖南、浙江及江苏。

◇ 中国移动客户中139邮箱使用提及率为40.2%，排在邮箱品牌第3位，与使用提及率排名第1、2位的QQ（46.5%）、163（44.6%）差距不大，约为排名第4位的126（19.7%）两倍。

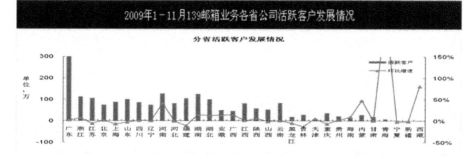

图 5 - 25　传统移动增值业务盈利模式示意图

移动互联网技术应用基础

（四）内容付费

以手机阅读为例，内容付费盈利模式如图 5 - 26 所示。

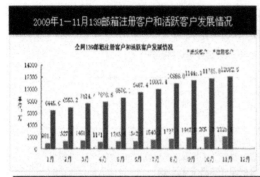

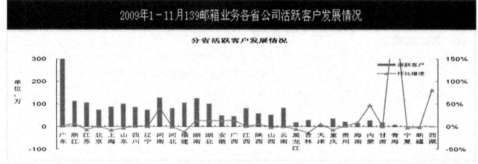

图 5 - 26　内容付费盈利模式示意图

三、 移动支付

移动支付是指进行交易的双方以一定信用额度或一定金额的存款，为了某种货物或者业务，通过移动设备从移动支付服务商处兑换得到代表相同金额的数据，以移动终端为媒介将该数据转移给支付对象，从而清偿消费费用进行商业交易的支付方式。移动支付业务是由运营商主导建立的一种移动电子商务支付体系，用户通过移动终端绑定银行卡或话费、积分等账户后，就开通了移动支付业务。移动支付从 2002 年开始，现在已经成为移动增值业务中的一个亮点。随着移动支付技术在金融、物流、制造、公共信息服务等行业的广泛应用，各种创新带来了成本的节约和效率的提升，移动支付的发展速度逐渐加快。

移动支付行业发展的基础，是移动通讯设备和银行卡的普及。国内移动支付业务发展现状是目前在中国市场上，各大通信运营商、网站运营商、金融机构以及很多企业政府都推出了移动支付类业务。

（一）移动支付的分类

按业务运营模式分类，目前移动支付商业模式主要有以下三类：以移动运营商为运营主体的移动支付业务、以银行为运营主体的移动支付业务和以独立的第三方为运营主体的移动支付业务。

（1）以运营商为运营主体，当移动运营商作为移动支付平台的运营主体时，移动运营商会以用户的手机话费账户或专门的小额账户作为移动支付账户，用户所发生的移动支付交易费用全部从用户的话费账户或小额账户中扣减。

特点：直接与用户发生关系，不需要银行参与，技术实现简便；运营商需要承担部分金融机构的责任，如果发生大额交易将与国家金融政策发生抵触；无法对非话费类业务出具发票，税务处理复杂。

（2）以银行为运营主体，银行通过专线与移动通信网络实现互联，将银行账户与手机账户绑定，用户通过银行卡账户进行移动支付。银行为用户提供交易平台和付款途径，移动运营商业只为银行和用户提供信息通道，不参与支付过程。当前我国大部分提供手机银行业务的银行(如招商银行、广发银行、工行等)都由自己运营移动支付平台。

特点：各银行只能为本行用户提供手机银行服务，移动支付业务不能够实现跨行互联互通；各银行都要购置自己的设备并开发自己的系统，因而会造成较大的资源浪费；对终端设备的安全性要求很高，用户需要更换手机或 STK 卡。

（3）以第三方服务提供商为运营主体，移动支付服务提供商(或移动支付平台运营商)是独立于银行和移动运营商的第三方经济实体，同时也是连接移动运营商、银行和商家的桥梁和纽带。通过交易平台运营商，用户可以轻松实现跨银行的移动支付服务。

特点：该业务模式下移动运营商、银行和第三方之间权责明确，提高了商务运作的效率；用户选择增多。平台运营商简化了其他环节之间的关系，但在无形中为自己增加了处理各种关系的负担；在市场推广能力、技术研发能力、资金运作能力等方面，都要求平台运营商具有很高的行业号召力。

（二）移动支付的主要优势

1. 可实现低成本跨越式发展

移动网络比固定线路的建设成本低，在推广时，移动网络的总体成本更低。麦肯锡咨询公司对南非的调查显示，移动付款网络的建造和运营成本(包含语音回复和短信息服务)比商业网络的电子销售点(可为借记卡和 POS)更为低廉。这意味着，可以跨过中间过渡技术，直接从单证付款系统进入移动付款系统，从而大大节省有线 POS 系统或自动柜员机网络的建设投资。在现有有线 POS 网络尚未完全普及和网络通畅率不能完全保障的情况下，发展移动支付对银行卡支付产业更有现实意义。

2. 可提高卡支付安全性、信息私密性和内容丰富性

据国外市场调查显示，制约电子商务发展的障碍主要有：交易的安全性、信息的私密性、内容的丰富性等，分别占总制约因素的 27%、20% 和 12%。金融业与电信业联合开拓银行卡支付市场，使用 IC 卡替换磁条卡并借助现代信息技术，能够很好解决上述问题，从而促进银行卡支付市场快速发展。

（1）交易的安全性。

首先，移动支付终端操作系统具有封闭性、复杂性和多样性特征，移动通讯网络也具有封闭性和复杂性特征。这些特性将对木马的生存和传播起极大的遏制作用。其次，通过第三方颁发的数字证书(CFCA)、数字签名及各种加密机制，移动支付用户可以实现安全信息数据的交换。再次，作为移动支付系统参与方，金融业与电信业都具有高性能、高容错率、高安全系数的处理主机，能够保证银行卡支付安全畅通。通过银行卡号与手机卡号的一一对应，将银行卡和手机进行技术关联，用户在普通 SIM 卡的手机上即可使用安全的

移动支付功能。

（2）信息的私密性。

应用 PKI 公共密钥体系的特定程序，交易明文和密文通过对称密钥和非对称密钥分别加密、解密，保证了交易信息的私密性。一方面，用对称密钥方式，通过哈锡值（HASH）的运算与核对，提高双方交易信息的准确性和保密性；另一方面，用非对称密钥方式，通过公开密钥加密信息，保证了只有特定的收件人才能读取，而此收件人只有通过使用相应的私人密钥才能完成对此信息的解密，提高了交易信息的安全性。

（3）内容的丰富性。

随着特许经营店、大型超市和各种商业机构的日趋繁荣，支付市场的潜力正逐渐被重视。不久的将来，手机用户将拥有可随身携带的支付终端，银行卡可延伸到每个手机用户身边，进行贴身服务。手机不再是简单的通信工具，用户可以在任何时间、地点用手机办理消费、缴费和转账等业务。持卡人还可利用手机完成银行卡余额查询、手机话费缴交、商户消费、网上支付等各种业务，大大开拓了电子商务应用领域和服务内容。

四、 移动支付在电子商务中的应用

（一）移动支付概述

企业的电子商务充分体现出了不同于传统商务的低成本、跨区域、高效率和充分个性化的特征优势。但要充分显示电子商务所具有的优势，就必须具有高效的物流体系和安全快捷的网上支付结算系统，两者都是支撑电子商务发展的重要保障，特别是网络支付结算系统，它关系到整个电子商务活动的资金流问题，而资金能否顺利周转在任何商务活动中都是整个交易的核心所在。在所有目前涉及资金支付的电子商务交易中，无论是 B2B、B2C、C2C 的网上交易模式或是其他提供有偿服务的模式中，都对网络支付体系有着不可替代的依赖性。

电子支付结算加速了整个资金流的周转速度，提高了整个电子商务活动的效率。在正常可信的电子商务交易中，在安全有可靠保障的情况下，如采用网上支付方式结算，省去的不仅是完成支付所需要的时间，资金由买方到达卖方的时间要明显快于传统的汇票、邮寄等支付方式；并且由于网络支付的全天候、跨区域的特点，从而大大缩减了结算的时间跨度，解决现实中可能遇到的银行经营网点所限的问题。

电子支付结算是电子商务降低交易成本的重要基础，同时电子支付是电子商务业务流程的关键部分。电子支付与电子商务的交易活动紧密关联，互为条件。电子商务交易不确定，电子支付就不会发生，而网络支付不进行，电子商务也不能最终完成。电子支付是电子商务的核心、最关键的部分，是交易双方实现各自交易目的最重要一步，也是电子商务得以进行的基础条件。

（二）电子商务支付分类

1. 传统支付方式

传统支付方式的共同特征是"网上交易、网下结算"，即：消费者和商家之间只利用网络完成信息检索、订单处理、合同草拟等"信息流"的传递，而"资金流"的传递则是使用现金、票据等传统金融工具来实现的一类支付方式。传统支付方式在电子商务发展的初期阶段、在线支付环境还很不成熟的时候，是完成电子商务交易结算的主要途径。

目前，在电子商务领域中常见的传统支付方式包括有：

（1）货到付款。

（2）邮局汇款。

（3）银行汇款（转账）。

2. 网上支付方式

与传统支付方式相比，网上支付方式的共同特征是"网上交易、网上结算"，其本质是在 Internet 上实现传统支付方式的电子化，是传统支付体系向网络的延伸。这是最能体现电子商务优势、代表电子商务领域支付未来的支付方式之一。

目前，在电子商务领域中常见的网上支付方式包括有：

（1）网上银行卡。

（2）电子现金。

（3）电子钱包。

（4）电子支票（转账）。

3. 移动支付方式

移动支付通常用于三个目的，一是在方式很少的情况下，它可进行支付。二是在线支付的一种扩展，而且更容易和更方便。三是保证安全性。发展中的市场和发达市场都对这一业务有兴趣，由于技术选择和商业模式多，管制需求和当地的条件，移动支付将是一个高度多样化的市场。

现阶段企业的电子商务支付方式建议采用多种方式相互结合的形式进行，这样可以适应不同消费者的支付需求，也就是传统支付方式、网上支付方式和移动支付方式相结合，加大移动支付方式的应用，以适应以后支付方式的移动化要求。

移动支付技术已经开始吸引小型企业主的目光，因为可以解决他们的现金流问题。小型企业主一个最大的担心是如何处理现金流大起大落的波动情况。小公司经营过程中一直存在未付客户账单问题。现金流中的这种缺口会令小企业主很难专注于发展业务，他们不得不去管理工资单或支付其他账单。他们要经常向客户寄送账单，花费人力进行收款，每次都要等数天、数周甚至数月的时间才能收到支票。通常，付款时间在 30 天到 90 天不等。因此小企业主们以前总是利用各种信贷、贷款或信用卡的方式来筹集短期资金，以便支付员工工资、地租和供应商货款。移动支付设备可以帮助他们更轻松地将销售额转变成营运资金，移动支付技术最大的好处是当天就可以将销售额转变成现金流。

使用移动设备来接收支付的小型服务公司越来越多，因为移动支付新技术及其方便性令消费者和商家都感到满意，他们愿意用智能手机和其他移动设备来支付账单。同时，在使用移动支付业务时应注意安全问题。只要支付账户被攻破，将会产生资金的损失。随着移动支付业务的发展，移动支付业务将会增加安全等级，可以让这些支付服务比用信用卡或借记卡更安全。

（三）移动支付的案例

国际范围内也有很多公司尝试涉足移动支付，各种解决方案层出不穷，有硬件方案，有软件方案，也有软硬结合的方案。国内的支付宝和中国移动手机钱包，如图 5 - 27。

5-27　支付宝手机界面图

支付宝推出的手机客户端软件，无须用户增加任何硬件设备就可以使用。支持点到点的交易服务，但此外还增加了非常有中国特色的彩票购买、手机充值、缴纳水费、电费、燃气费、固话宽带费、购买游戏点卡以及 Q 币功能。作为解决即时交易的一种尝试，支付宝还支持条码收银和支付。此外，支付宝也是依赖网络的，所有数据都放在远程服务器上。

中国移动手机钱包服务需要用户更换特殊的 RFID－SIM 卡，相当于增加硬件设备。好处当然是显而易见的，很多现有的手机都可以用上这个服务，且由于软硬结合的优势，交易行为既可以直接在远端进行操作，也可以在不联网的情况下进行，比如手机深圳通完全不需要任何特殊操作，只需要将正常待机的手机贴近刷卡器即可，而充值更是只需在手机上点几下就能完成，完全无须专用设备，当然也可以通过网银向手机钱包划款。此外，手机钱包支持直接在手机上查询消费明细和余额，带来很多管理上的便利。有了手机钱包支付账户，用户也一样可以在网上进行购物，真正做到了处处通用。未来中国移动可能会将手机支付业务的适用范围拓展到我们生活的各个方面，让我们拭目以待。

五、 移动电子商务案例

(一)剖析移动电子商务成功案例美丽说——看网销营销的明天

美丽说创办于 2009 年 11 月，是一家基于"推荐导购"模式的社区。美丽说完成三轮融资。第三次融资由纪源资本领投，红杉资本、蓝驰创投及清科创投跟投。至此，美丽说已经完成了共三轮融资，累计融资金额已达数千万美元。由第三次融资可以看出，风险投资机构对电商领域未来发展的预期，并没有因为资本市场转冷的情况而悲观下去。结合返利网获得由启明创投和思伟投资的千万美元首轮投资来看，有潜质成为网购门户，或成为细分市场网购门户的社会化电子商务网站，都是风投们关注的重点。

美丽说获得风投后大量投入资本进行营销推广，同时想方设法增加客户黏度，特别是利用搜索引擎将移动互联网的手机 APP 客户端用户和互联网 Web 用户捆绑十分成功，也用此方法为多家电商开发智能手机 APP 客户端软件，成功发展了大批用户；同时，利用腾讯开发平台的 API 为社交化的 SNS 用户吸引进智能手机中移动电子商务网店，采取巧妙的积分返利和复式营销连环扣方式，让客户介绍更多客户，在微信社交圈中以"核裂变式"迅速发展，让商家欣喜若狂，体会到社交化的 SNS 营销模式的神奇功力。如图 5－28。

图 5－28　美丽说手机界面图

毋庸置疑的是，无论从用户需求角度来看，还是从用户体验角度上来说，目前势头强劲的各大消费导购类网站确实为消费者带来了实实在在的方便。但同时我们也必须看到，个别成功创业者背后一定存在着无数苦苦挣扎的模仿者，和企图超越者。美丽说和返利网将"推荐购物"和"返利"这两个概念做到了深入人心，也引来了无数同质化的模仿者。这些模仿者用同样的设计和数据，试图在这个领域分一杯羹。同时我们也欣喜地看到了一些企图超越，或细分市场的创业者。

而在行业内部，也有人对这一类网站的发展持保守态度。当当网前 COO 黄若曾表示，对于目前电子商务行业中的两种新形态比价网和团购网的出现，是一件好事。但无论是比价还是团购类网站都没有体现出电子商务的一个特点，就是大大缩短了从生产者到消费者供应链的环节，所以比价网和团购不可能成为主流业态，而美丽说让人看到两者都兼备的商业模式。以朋友分享的方式经营更靠谱，"信口碑、信朋友、仿朋友"这是美丽说成功的经营奥秘，如图 5－29。

消费导购类网站要以消费者需求为核心，做好用户体验，同时针对目标客户群体，加大在功能研发及创新方面的投入资源，移动电商网店 APP 将是移动网络营销的明天，从成功案例美丽说就说明了这一点，否则风投不会注入以亿元计人民币投资。

明智投资者和各行各业商家也会明白：互联网时代造就了马云，移动互联网时代刚起步，谁会腾出？是"美丽说"？也可能，但基于更私人化的移动终端会更公平，"社会化的 SNS 营销"可容纳很多马云式人物，因为投资不多就可以运作，O2O 的移动电商经营者也会颠覆传统的电商模式。

图 5-29　美丽说手机界面图

（二）1 号店案例分析

1. 1 号店基本情况

"1 号店"（www.yhd.com）在 2008 年 7 月 11 日 正式上线，开创了中国电子商务行业"网上超市"的先河。旨在打造一个为消费者提供一站式购物服务的中国品种最齐全、价格最具竞争力的综合类电子商务网站。在线销售超过 18 万种商品，涵盖食品饮料、美容护理、厨卫清洁、母婴玩具、数码电器、家居运动、营养保健、钟表珠宝、服装鞋帽、品牌旗舰店等十二大类，还在业内率先拓展了众多虚拟产品服务项目，如手机充值、生活费用付款、火车票查询、机票订购等在线服务。

2012 年 1 号店拥有上千个供应商、2400 万网上注册用户和 600 万手机注册用户；所售商品 SKU（库存量单位）已达九十万种；实现全国范围的战略布局，即在上海、北京、广州、武汉、成都五地仓储物流中心，在周边城市建立相应的配送点，辐射全国，更高效配送服务。涉及的利益相关者主要包括供应商、物流配送中心、店中店、1 号店物流、广告主和客户，价值关系如图 5-30 和图 5-31 所示。

2012 年 10 月 26 日，沃尔玛全球总裁兼首席执行官麦克道在上海明确表示，1 号店就是沃尔玛在中国的电商平台。

2. 1 号店的商业模式分析

（1）战略目标。

1 号店以"家"为核心购物理念，打造满足家庭所需的一站式购物平台。公司的口号是"只为更好的生活"，1 号店的使命是"用先进的系统平台和创新的商务模式为顾客和商家创造最大价值"，它的目标是打造"网上沃尔玛"，打造一个综合性电子商务 B2C 平台。只为更好的生活，这是 1 号店对自己的定位，让用户可以以"比超市更便宜的价格"购买到与家息息相关的各类商品，包括食品饮料、美容护理、家居家电、厨卫清洁、母婴玩具等几大类产品。1 号店要为顾客提供一种全新的生活方式。

2012 年 1 号店推行六大战略，分别是无线战略、地域扩展战略、品类扩展战略、平台

图 5-30　1 号店官网首页

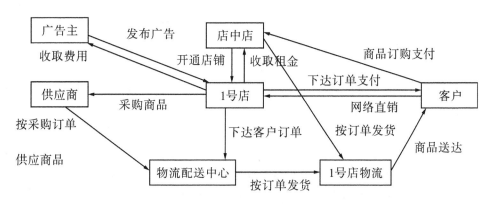

图 5-31　1 号店价值网络

化战略、供应商合作计划、客户体验。

（2）目标用户。

1 号店成立之初，服务对象是超市人群中的网络人群，即当时的核心主攻人群是去家乐福等的线下人群，而非泛人群。后来发展为主要定位于网络购物活跃的用户，iUser-Tracker 2010 年 1 月数据表示，1 号店用户特征是女性用户居多且购物欲望强；白领人群居多且购买能力强；黏性高，单次购买金额和重复购买率高。目标用户的行为特征，一为很忙而且自由支配时间少；二为在意购物时间成本同时又喜爱尝鲜，不愿付出过多的交通成本；三为喜欢宅在家里，希望有人协助打理生活。其年龄分布在 18～30 岁居多，约占 60%。

（3）产品和服务齐全。

1 号店作为最大的网上超市，商品云集，种类齐全，切实做到让客户足不出户就可以买到家居所需的各种物品。将产品分为如下 11 类：食品饮料、美容护理、母婴用品、厨房清洁、家居、电器、玩具、服装鞋帽、营养保健、办公用品、机票车票及手机充值业务。1 号店的生活服务专区为客户提供了生活所需的各种缴费等服务，主要的服务有：在线手机话费充值、飞机票预定、火车票查询、生活缴费、信用卡还款、健康服务、礼品卡。

（4）1 号论坛。

1 号论坛是 1 号店特有的，是为买家和卖家在网上进行交友、讨论和互动的网上生活圈，它分为多个版块，用户可以在感兴趣的版块里进行互动交流，这有利于增加用户的黏性，1 号店还可以通过论坛了解用户的需求等多方面信息。在论坛里，大家可以畅所欲言，和所有人进行交流。

（5）会员营销。

1 号店有统一的积分体系和制度，大部分商品都有积分，不同商品的积分不同，不同等级会员享受的积分也不相同。会员可以通过购物、参与社区互动赚取积分，积分可以直接用于支付购买商品。这对于增强用户黏度有很大作用，会员还被鼓励自发组织购物工会，工会成员的积分返利比例和整个工会的交易额相关。

（6）盈利模式。

目前电商越大越亏损，因为还在圈地时期。不注重盈利也解释不清楚未来盈利模式都是违背商业本质的。而真正好的利润是持续长久的，不是圈钱短视，否则必有后患，好的利润模式也不是眼球经济，同时利润要注意安全性，1 号店前几个月开通了代运营服务，可以分担目前的固定成本，也不失为一个新的获利来源。1 号店的销售收入虽然已经达到了 8 亿多，但是仍然不盈利。预计当销售额达到几十个亿的时候，1 号店会出现盈利。1 号店主要的收入和利润来源主要有以下几个方面：

一是销售收入，1 号店的利润可以分为前台毛利和后台毛利。前台毛利来自商品的进出差价，而后台毛利主要靠厂家返点、上架费、促销费用等。1 号店自上线以来，它的销售额在不到三年的时间里增长 193 倍，这直接给 1 号店带来销售商品的收入。

二是广告收入，1 号店为供应商提供营销服务，收取广告和推广费用。

三是增值服务，分布在部分重点城市，1 号店在线上经营水电煤费缴纳、充值以及信用卡还款、银行转账等虚拟增值服务。这虽然不是 1 号店的主要赢利点，但是也确实给它带来了一定的收入。

四是店中店租金，2011 年 5 月，1 号店正式推出了"店中店"平台模式，通过引入联营商，1 号店打破了针对消费者的 B2C 模式，逐步向 B2B2C 的纵深模式发展。1 号店收取店铺租金，店铺可以与 1 号店共用仓储、配送等资源。

（7）移动终端技术——掌上 1 号店。

2011 年 1 月，1 号店推出"掌上 1 号店"，"掌上 1 号店"依托目前最为先进的软件系统，实现了更智能更便捷的购物方式。独有的条码扫描购物和快速购物便签功能，集搜索、购买、下单、送货为一体，实现随时随地的一站式购物。目前 1 号店已经推出了WAP、iPhone、Android 等版本，适用于所有的手机终端用户。掌上 1 号店拥有在线比价功能，用户只需用手机扫描一件商品的条形码，就可以和 1 号店的线上商品进行价格比对，进而选择价格最优的购买方式，而一键式购买功能更使手机购物的流程简化，大大方便了客户，提升了客户使用体验。

(8) 1 号店的经营模式分析。

1 号店成立三年多的时间，以每月业绩均不低于 30% 的飙升速度成长为国内领先的 B2C 网上购物商城，这与它的经营模式是分不开的。

①低价竞争：与所有网上购物网站一样，1 号店也是主要靠价格优势拉住客户，并占领一定的市场份额。上线之初，1 号店的主打商品赔钱在卖，每天提供一款五折产品分时段限量抢购，颇有"天天秒杀"的意味。超市行业的平均毛利率为 20%～25%，1 号店省去了实体店面和大量人员，多了配送和包装，成本算下来比传统超市还低 3～5 个百分点。这种低成本一方面压低商品的成本，主要是通过减少中间环节来降低商品的成本，再加上 1 号店没有传统的店面成本，所以其出售的商品价格降低，另一方面就是主动降低价格，吸引人气，薄利多销。

②捆绑经营：在 1 号店成立之初，它与一些流量较大的网站合作，如新浪、天涯等社区，推出"新浪乐居 1 号店"、"天涯 1 号店"，主要通过品牌宣传和促销活动将社区上的用户导入到 1 号店网站，进而转化成订单，再经由顾客的口碑宣传，二次传播出去。

③线上推广：1 号店在一些大型网站上投放网络广告，来吸引更多眼球。还进行搜索引擎优化，提高网站在搜索引擎中的表现。1 号店加入 CPS 联盟在各大论坛、主流网站刊登广告，如在天涯论坛合作的品牌专区，多家返利网站。

④线下推广：1 号店在线下主要用液晶广告、目录和 DM（直投），这主要是增加网站的知名度，吸引更多的用户到它的网站上来。

⑤多种促销手段：1 号店为了吸引顾客采用多种促销手段，促销手段分为超值体验、劲爆低价、限时抢购、重磅推荐四个专区，每天都会有不同的商品打折销售，在 1 号店三周年店庆，更是推出众多优惠商品。

⑥客户关系管理：1 号店为了对顾客提供切实的服务，减少顾客购物风险，在服务方面，1 号店支持送货上门、货到付款，给消费者提供了极大的便利。7 日内可退货、8 日至 10 日内可换货的原则让顾客网购更放心。1 号店根据顾客的不同特点为其做商品推荐，提供了精准化营销和个性化服务。1 号店建立客户管理中心，及时为客户解决各种问题，更好的帮助客户。

材料阅读

一直以来，有许多科技企业对物流中的"最后一公里"都非常感兴趣，因为对于大部分电商而言，他们都希望自己的包裹能够尽快被送达到客户面前。但是，对于那些想要发送包裹的客户们来说，"开始一公里"则要更加重要。

虽然像亚马逊这样的电商巨头拥有庞大的物流中心，但是其服务却是单向的，所以这也为那些专注"开始一公里"的小企业提供了良机。以 Shyp 为例，其所提供的服务可以让客户"一键完成"包裹的揽收、包装和处理等工作，这也创造了一种城市快递服务的新模式。

Shyp 的服务使用起来非常方便，客户只需在手机上下载安装 Shyp 的移动应用，然后拍一张需要邮寄的货物照片，输入邮寄地址和收件地址以及客户需要的服务即可，而无须再准备包装盒、塑料泡沫和胶带等打包所需的材料以及选择快递公司。随后 Shyp 公司的司机将会在 20 分钟之内上门揽收货物,并将货物带到公司的包装部门进行打包,最后 Shyp 将会结合客户的包裹大小、投递的地点为客户选择性价比最高的大型快递公司进行投递。

很显然,Shyp 的移动快递服务最大限度地节省了客户在包裹打包过程中花费的时间和精力。该公司的联合创始人兼 CEO 凯文·吉本(Kevin Gibbon)表示,Shyp 的商业模式可以在为客户提供便利的同时实现盈利,他认为"开始一公里"中所蕴藏的巨大潜力如今还没有表现出来,"我们正在努力为客户们提供亚马逊级别的物流服务,"吉本说道。

第五节　移动搜索业务

 任务描述

了解搜索业务和移动搜索业务的分类,同时掌握搜索业务在企业中的应用方式以及未来的发展趋势。

 任务分析

随着科技的高速发展,信息的迅速膨胀,手机已经成为信息传递的主要设备之一。利用手机上网也以成为一种获取信息资源的主流方式。在这一背景下,移动搜索的概念应运而生,国内外不少互联网公司均看好移动搜索这一领域。

一、 搜索业务与移动搜索业务

(一)搜索业务

搜索引擎是通过运行一个软件,该软件在网络上通过各种链接,自动获得大量站点页面的信息,并按照一定规则进行归类整理,从而形成数据库,以备查询。这样的站点(获得信息——整理建立数据库——提供查询)我们就称之为"搜索引擎"。

目前电子商务搜索引擎主要有以下两种实现形式:一是以生意经、商务搜、金泉网、企搜为代表的独立搜索引擎,该类搜索网站的页面与通用搜索引擎网站的页面形式几乎完全一致,区别在于内容主要是针对商业用户使用者。独立搜索引擎的优势在于访问者和投放广告者在参与上更为自由,可以获得更多的信息和受众。但同时这也是其缺陷所在,由于开放度过高,将不可避免的出现诚信问题。二是以阿里巴巴、淘宝网、慧聪网为代表,表现形式为电子商务网站站内搜索。这类搜索引擎由于以网站的会员制为基础,有资质认证体系为保障,因此诚信问题出现的概率较小。但站内搜索的缺点在于开放性不够,搜索和推广只局限在会员之间。

当互联网热潮达到顶峰时,搜索引擎会成为电子商务中最强大的新创意。百度,全球最大的中文搜索引擎、国内最大的网络营销平台,所推广的竞价排名与富媒体、窄广告等成为网络营销按效果付费的几大新方式。竞价排名的盈利模式最先由 Overture 公司创造,各式各样的在线企业都在想方设法把这个新工具纳入到自己的业务中。

（二）移动搜索业务

1. 移动搜索定义

移动搜索基本定义：移动搜索是指用户在移动通信网络中，通过移动终端（包括手机、掌上电脑、PDA、具备 WiFi 等无线接入互联网能力的手持终端等），利用 SMS、WAP、IVR 等多种特定的搜索方式获取所需信息的搜索行为。而移动搜索的核心是将搜索引擎与移动设备有机结合，生成符合产品和用户特点的搜索结果。

移动搜索，广义上讲就是在移动状态下进行搜索，使用的终端，狭义上可理解为仅通过手机进行搜索，目的都是为了随时随地方便快捷地查找所需信息，满足资讯、交友、娱乐和商务等需求。移动搜索融合了搜索引擎在海量信息中快速获取信息的能力，以及移动通信随时随地进行业务访问的特点。在当前移动网络和互联网不断融合的驱动下，移动搜索必将成为移动互联网的一个重要应用。

在我国传统互联网搜索领域，已形成百度、Google、雅虎三足鼎立的局面。但移动搜索仍处于发展的起步阶段，目前除了百度、Google、雅虎外，还有宜搜、Cgogo、易查、上海明复、悠悠村、K 搜等新的搜索引擎服务提供商。随着 TD－LTE 社会化业务测试和试商用的正式启动，4G 在我国的前景逐渐明朗，移动互联网将会逐渐步入快速发展期，同样移动搜索也将迎来发展的重要时期。

2. 移动搜索的分类

（1）依据搜索引擎的分类

基于浏览器的移动搜索：现代手机里面都内置了类似网页浏览器的微浏览器（如 UC 浏览器等），手机用户可以通过微浏览器来连接互联网。

基于短信的移动搜索：移动搜索引擎通过短信接收用户的查询请求，然后将查询结果通过短信的形式返回给用户。这种方式可以被所有手机用户所接受，但是，短信的信息表现能力很差，提供的信息也非常有限。

基于短信与微浏览器相结合的移动搜索：用户可以使用移动搜索服务商的客户端提交查询请求，客户端会根据用户的检索行为去选择以微浏览器或者短信方式返回查询结果。

（2）依据搜索内容的分类

综合搜索：类似于互联网搜索，用户通过编辑短信或键入关键词进入 WAP 或直接接入 WEB 网络，对 WAP 或 WEB 网络上的内容进行搜索，搜索引擎根据一定的规则将内容结果与链接结果反馈给用户终端。这种搜索模式可以看作是互联网搜索直接延伸到手机平台上的移动搜索模式。

垂直搜索：指用户通过多种接入方式（短信、彩信、WAP、IVR 等）提出搜索特定类型的内容或服务的搜索请求，例如一些音乐，图片或本地信息等。这样的搜索模式可以使用户进行个性化的搜索定制，更加快速地得到自己需要的信息，此模式的搜索引擎可以更好地理解用户的搜索请求，提高搜索的针对性和准确性。

3. 移动搜索的意义

移动搜索是对互联网搜索的延伸和传承，但与互联网搜索相比，手机搜索还有很多不同之处的。首先移动网络的无处不在，使得手机搜索的使用更加便捷；同时，较之互联网搜索，有更多的搜索途径，包括：WAP、APP、SMS、MMS 甚至人工客服等。例如用户可以通过 WAP 或 APP 上网搜索，然后也可以通过拨打人工客服，由人工客服选择合适的方式把搜索结果推送到手机上。

不过由于移动网络的带宽比固定接入互联网带宽窄，移动终端的性能也没有 PC 强大，因此与互联网搜索相比，手机搜索面临着更严格的要求。同时，手机搜索不可能像互联网搜索那样把成千上万条搜索结果直接推送给用户，而应对信息进行更精确的筛选，因此对于搜索结果的精确性要求更高。另外对于搜索到的信息，需要适配手机终端进行显示。但是，同互联网搜索相比，移动搜索更容易实现搜索结果的个性化。

尽管移动搜索作为新生事物，但是移动搜索作为搜索引擎和移动通信技术的结合体，它的前景是无法估量的。想象一下如果某一天在一个陌生的地方，通过移动搜索查找周边的特色餐馆，然后借助手机导航找到喜欢的餐馆并且用餐；或者在杂志上看到一款新推出的比萨，然后用手机拍照利用移动搜索找到该款比萨的网上营业厅，订购之后数分钟比萨就送到家。

随时随地通过手指点击轻松实现所见即所得，这是移动搜索的魅力所在，相信通过众多从业者的不懈努力，在可以预见的未来很快就可以实现。

二、 搜索业务的企业应用

（一）搜索业务的企业应用

与传统的打扰式营销方式不同，竞价排名属于许可式营销，它让客户主动找上门来，更容易为买卖双方所接受。竞价排名将广告和互联网搜索结果捆绑到一起，尽管这是一种做广告的形式，但这种被称为"赞助搜索"的做法弥合了广告与电子商务之间的隔阂。广告客户只在有人点击其信息并访问其站点时才付费，因此他们实际上是在为"线索"付费。通过监控那些"线索"中有多少转换成了销售，就有可能跟踪这种互联网上的新渠道创造了多少商业活动。

正是因为竞价排名精准、以小博大的特点，使得它成为中小企业开展电子商务和网络营销的最佳平台。竞价排名给客户带来一次访问最少仅需 0.3 元，而且按效果付费，没有访问量则不计费，而传统的广告和市场推广活动要达到理想的市场覆盖面，其费用要高十倍以上，见效也远不如竞价排名来得迅速有效。这是搜索引擎营销最得天独厚的优势。出于成本低廉和效果显著的考虑，而且操作灵活易于管理和考评，竞价排名已经成为越来越多企业的首选营销方式。

按效果付费的推广模式并没有因为是新生事物而停留在理论上，而是迅速为众多的中小企业广告主所接受。

1. 案例 1

北京中交工程仪器研究所作为交通工程仪器这样非常专业产品的提供者，北京中交的客户群体分散，主要是路桥、学校、研究机构等需要交通工程仪器的部门，分布在全国各地。研究所主动上门销售的可能性很低，一是客户分散，二是营销成本高。对于一家年营业额在 500 万元左右的中小企业来说，寻找一个成本相对较低，能让客户主动找上门来的推广方式迫在眉睫。

据研究所总经理杨宗文介绍，他们经常上去搜有关"仪器、交通工程"等的信息，发现同行业有很多企业都在做"仪器"等关键词的竞价排名，一打听，还很有效果，于是，杨宗文和研究所管理层就萌发了做百度竞价排名的念头。事实证明，百度的竞价排名确实为企业创造了了不少利润，也为参加竞价排名的客户带来了更多的商业机会。

2. 案例2

洁丰干洗公司是一个连锁加盟性质的企业。做连锁一定要有知名度和广阔的市场渠道，要针对性地找到加盟客户，洁丰干洗公司从2001年开始与几大搜索公司合作，每年仅在百度公司提供的搜索服务上就投入上百万元。虽然钱花得多，但是效果也非常好，现在，行商变成了坐商，他基本上没有主动去找过客户了，每天坐在公司不出去都要接待好几拨客户，公司的营业额也因此至少提升了50%以上。

企业同时可以利用搜索引擎开展电子商务网站的推广，即搜索引擎营销。所谓搜索引擎营销，就是根据用户使用搜索引擎的方式，利用用户检索信息的机会尽可能将营销信息传递给目标用户。

(二)利用搜索引擎的免费服务

1. 免费登录搜索引擎或分类目录

通过登录搜索引擎或分类目录实现搜索引擎对网站的收录是一种传统的网站推广手段，其实现也较为简单，一般只需登录搜索引擎或分类目录的网站登录页面，根据页面上的提示填写即可，新收录的网站一般可以在几天到几个星期之后，搜索引擎数据库更新时即可显示出来。

2. 主动参加搜索引擎的一些业务

参加如百度联盟、Google、Adsense等这些具有联盟性质的搜索引擎业务，这样企业的电子商务网站就成为推广百度、Google业务的一分子，一方面可以得到搜索引擎更多的网站推广服务另一方面增加了搜索引擎对网页的收录量，拉近了网站与搜索引擎的关系。

3. 搜索引擎优化

所谓搜索引擎优化就是针对各种搜索引擎的检索规则，让网页设计适合搜索引擎的检索，从而获得搜索引擎收录并在排名中靠前的各种行为，是提高网站排名的重要手段之一。搜索引擎优化涉及域名与主机、关键字策略、网页设计友好性、网站结构优化、链接策略、网页级别等众多方面，其中关键字策略是搜索引擎优化的核心，搜索引擎优化最重要的目标就是让公司的网站对于相关关键字的搜索排名在搜索结果页面的前列。

4. 关键词广告

关键词广告是付费搜索引擎营销的主要模式之一，其基本形式是：当用户利用某一关键词进行检索，在检索结果页面会出现与该关键词相关的广告内容，其主要形式有以下三种。

(1)竞价排名。

竞价排名是按照付费最高者排名靠前的原则，对购买了同一关键词的网站进行排名的一种方式，目前被多个著名搜索引擎采用，其基本特点是按点击付费，广告出现在搜索结果中(一般是靠前的位置)，在同一关键词的广告中，支付每次点击价格最高的广告排列在第一位，其他位置同样按照广告主自己设定的广告点击价格来决定广告的排名位置。

（2）固定排名。

搜狐采用的关键词广告模式为固定排名，与竞价排名不同，使用固定排名这种营销模式，客户购买与自身业务相关的关键词，使自己的广告出现在搜索结果页面的某一固定排名位置，关键词的热度不同，固定排名位置不同，客户所支付的费用也不同。

（3）Google AdWords。

Google 推出的 Google AdWords 关键词广告已经成为风靡全球的网络营销产品，Google 的关键词广告 AdWords 出现在搜索结果页面的右方，而左侧仍然是免费的自然搜索结果，其付费方式同样为按点击付费。

5. 网络购物的搜索引擎应用

随着电子商务市场的壮大，网上商品信息呈现爆炸式增长，如何使用户在浩如烟海的商务信息中找到有价值、满意的信息成为电子商务发展急需解决的问题。将搜索引擎引入网络购物领域，使其更具针对性与专业性是近年来发展较快的一种商务模式。

（1）比价搜索与比较购物。

比价搜索与比较购物专门针对网上购物，并提供搜索结果的比较与分析，方便用户选择购物。从 2004 年起，Google 和雅虎分别推出的购物搜索引擎 froogle 和 shopping. yahoo 就是这种模式。在我国 8848 推出的购物搜索引擎知名度最高，是国内第一个专业的购物搜索引擎，也是全球最大的中文购物搜索引擎。

（2）购物搜索。

购物搜索是以比较购物模式为基础的搜索，这类搜索引擎只提供商品信息的搜索，并进行商品信息的比较。相较于通用搜索引擎，购物搜索的信息更具有针对性、更有商业价值。无论是 Google 的 froogle、雅虎的 shopping. yahoo，还是 8848 推出的购物搜索，从本质上讲还是一种"比价搜索"或者"比较购物"，并不能涵盖"购物搜索"的各个方面。"比价搜索"以价格为主体进行搜索，但是随着电子商务不断发展，对于价格信息的需求只是一部分了，"购物搜索"应当是一种全方位的搜索，不仅仅是价格之间的比较，还应该在产品种类、交货日期、款式之间等各方面都可以进行比较，这样才能使网络购物更加便捷。

（3）搜索购物。

一般来说，购物搜索引擎本身并不直接出售商品，只提供商品的线索，而如果使用搜索购物，用户可以在搜索结果的页面直接下单购买。两者相比，购物搜索重在搜索，搜索购物重在购物，前者仅仅实现为满足购物目的而进行的搜索，后者则在搜索出的产品中完成购物。我国的中商网是搜索购物的典型案例。中商网的专业搜索引擎能搜到国内一万多家电子商务网站的商品，使用中商网的"e 路通"购物服务，用户无须在多个网站登录注册，直接可在中商网下订单。

6. 移动搜索业务的企业应用新趋势

近几年智能手机高速的发展改变了人们很多的生活方式，我们现在可以用手机购物、娱乐和上网浏览等等，这些都是移动互联网带给我们的便利。那么在今后我们的生活中，智能手机也将会是每个人不可或缺的一部分。由于智能手机的便捷性，现在很多用户都会用手机直接进行搜索。随着手机移动用户的不断增多，以百度的 2012 年报告为例，可以看出当前移动搜索的重要性。2013 年 2 月，百度发布 2012 年第四季度《移动互联网发展趋势报告》，在移动搜索上，百度目前的日搜索请求已上亿次，达 PC 端的 12% 以上。据百度第四季度移动趋势报告，百度移动搜索进入高速增长期，2012 年末相比 2010 年初流量增长 11 倍。今后移动搜索服务也将成为很重要的一个部分，各大互联网公司会将重点转移到移动业务上了，而作为企业的一个新的重要营销方式也应该顺势而为。

移动搜索是从互联网模式发展起来的，企业应用可借鉴互联网搜索的营销应用模式，如竞价排名和广告位购买等上述互联网应用方式。在现阶段和以后，对企业营销来讲，移动搜索的广告比互联网搜索的广告更具优势。但要注意移动搜索的新特点：百度认为，移动搜索则体现了很强的"生态圈"的特性。用户的注意力被高度均分，再也不存在一个单一的入口，而是多个核心应用的入口，交叉推荐。百度所做的两个方面，给业界较多启示。

第一，加强 APP 分发。有数据表明，70% 以上的应用开发者通过第三方应用商店分发他们的应用。在中国，APP 分发是目前唯一有利可图的移动业务，这一市场的领先者是 91 手机助手。截止 2012 年 11 月，91 助手日均应用分发量突破 2300 万，91 无线旗下安卓市场也宣布其日应用分发量于 2012 年 12 月突破 2000 万大关。而百度虽然是后来者，有媒体报道也做到了日分发量 3000 万左右的成绩，仅次于 91 手机助手居第二位。

第二则是强化应用。如百度的移动搜索产品，日活跃用户已经超过了八千万。百度地图移动终端装机量将近 1 亿，刚刚开放注册 4 个月的百度个人云服务，用户数已经突破 3000 万。LBS 定位服务调用，日请求数超 10 亿次。百度移动浏览器也占据有 10% 的市场份额。从这些整合的服务中，可以实现对移动搜索的整合，因此，对"杀手锏"应用的抢占也将成为移动搜索引擎的另外一个制高点。

移动互联网市场迅速在变化，争论的焦点之一是谁会成为入口。比如百度搜索、微信、微博、APP 分发或移动浏览器。实际上，从 2012 年趋势来看，这种争论恰恰反映了移动世界多元化的趋势。任何一种关键应用都可能成为入口，将越发成为保持竞争力的核心技能。

在百度 2012 年第四季度和全年财报电话会议上，百度 CEO 李彦宏宣布，2013 年百度在移动策略方面有两个目标。第一个是移动搜索，百度在为移动搜索添加新的特色内容，频率几乎为每周一次。第二是对移动生态进行投资，为应用程序开发者打造各种工具和功能，通过培育健康、规模庞大和快速发展的移动社区。从移动报告披露的数字来看，百度对于移动搜索的布局，已经取得了较为明显的成效。

从移动搜索的新特点可以看出，移动搜索企业应用应该注意两个方面。一方面是在广告平台的选择上不单要考虑传统互联网的搜索平台，还要根据移动互联网搜索的特点选择一些 APP 应用平台、APP 应用软件和移动网站。另一方面是由于移动搜索的很强的"生态圈"的特性，用户的注意力被高度均分，所以要注意其平台上目标用户的特性是否适合企业的营销目标。

 ## 材料阅读

今天 36 氪的文章《在微信里使用 Google 搜索，可以解决 Google.com 国内使用不便问题》，就有一个鲜活的案例。有一个开发者做了一个微信公众账号叫"谷歌搜索"，支持用户直接在微信里使用 Google 搜索功能。开发者说开发这个账号，理由有三：一能方便地使用搜索功能，不需要重复打开手机浏览器，在输入网址关键字等繁琐的步骤，大大地提高

效率，借助微信平台刚好可以达到这个效果。二是国内的搜索引擎太不好用，所以想到 Google.com。三是可以解决 Google.com 在国内不能访问的问题。该开发者称未来它还打算在这个账号下加入图片搜索和语音搜索功能。

李开复老师的微博是：

微信岂止"切入语音助手领域"，简直有潜力成为"移动语音助手"，岂止变身"智能 APP Store"，几乎有可能成为"移动 Store"，岂止"分流移动搜索"，完全有机会成为"移动搜索"！

第六节　企业移动网站与 APP 应用软件

 任务描述

了解移动网站建设的重要意义和企业建站的理由，了解企业移动应用 APP 手机客户端的优势，同时掌握企业 APP 营销方法。

 任务分析

移动互联网用户规模已经成熟，新的商业模式、创新方式将主宰下一个时代。企业参与其中已经迫在眉睫，企业应及早准备，占领这个战略要地。企业移动网站和手机 APP 客户端是移动互联网最便捷的入口，拥有一款能在不同手机上运行的移动网站和 APP 客户端是移动营销制胜的法宝。

一、　企业建移动互联网网站的重要意义

（一）移动网站现状

现在生产的手机基本上都具有移动浏览功能。移动浏览列在十大业务第四位的原因是：它在商业领域的广泛应用。

移动网站系统具有潜在、好的投资回报率。而且，它的开发成本相对较低。重复使用许多现有的技术和工具，使发送更新更灵活。因此，移动网站已被许多数企业用于 B2C 的移动战略。

在全球浏览器市场的影响下，国内浏览器市场的互联网巨头们对浏览器的研发与推广力度会越来越大，争夺互联网的入口是占领未来的一个制胜之道吧！由此可见未来互联网入口的重大变化，以后移动网站将会占据最重要的位置。

目前，国内企业建站不足 4 成，许多中小企业都没有完全建设全国范围的营销渠道，没有认识到网站的重要性。

（二）移动网站对企业的重要意义

伴随互联网应用的不断扩大，企业 WEB 网站已经成为企业一个不可或缺的展示平台，如图 5-32，通过互联网向客户提供企业、产品等信息，使客户在与企业联系前就能有一个基本的认识，同时降低了企业逐个向客户推广的时间和人力物力等成本。

图 5-32　企业移动互联网网站应用图

传统互联网在带给我们方便的同时，又由于受位置、网络的限制，不能快捷、灵活地提供给客户。企业移动互联网网站是企业在无线通讯设备上的网站，可以应用到手机、PDA 等设备，支持文字、图片、铃声格式，能够以最清晰直接的方式提供给客户。客户可以随时随地查看企业信息、产品信息、服务信息，拉近企业与客户的距离。配合无线信使的 WAP PUSH 功能，就可以给客户下发图文并茂的无线信息。

1. 多渠道展示企业风采

（1）企业建设自己的移动互联网网站，可以多渠道展示企业风采、传播企业文化、树立企业形象、提高企业知名度。

（2）企业通过移动互联网网站可介绍企业的基本情况，使经销商和用户更多的知道企业的存在；可以宣传企业的产品和服务的优势，让经销商和用户在比较中了解企业、走近企业、直到选择该企业。

（3）企业员工可以利用移动互联网网站快捷地了解公司动态，方便外界进行各种信息沟通，增多寻求合资与合作的机会。

2. 降低企业运作成本

（1）提供即时商业讯息、商品目录、广告行销内容。资料放移动互联网网站上，不仅立即"问世"，开始发挥效用，更可随时更新、更正，省时省事，节省大笔的人力及印刷经费。

（2）广告行销成本低，回收利率高。同其他广告媒体相比，移动互联网网站的成本极低。

（3）降低公司"售前询问"及"售后服务"的营运成本。

（4）能把广告行销与订购连成一体，促进购买意愿。

（5）不与现有其他传统商业媒体冲突或重复，减少浪费。

3. 竞争优势

(1)企业移动互联网网站信息是一个对外展示企业产品、展示企业文化的一个窗口，是发布企业信息的快捷途径。

(2)通过手机WAP上网能够使公司员工的内外部沟通更加顺畅，获取更多、更详细的信息，增强企业的信息安全，可以大大提高用户对其服务的满意度。

(3)充分利用移动互联网网站，提高企业运营活力

在我们的观念中，企业WEB网站是展示企业产品的窗口，是利用互联网这个大众媒体宣传企业的一种手段。而移动互联网网站长期以来一直处于以娱乐为主导的发展模式，虽然大家把WAP的"企业应用"、"行业应用"叫得很响，但是WAP在企业中的应用实例却少得可怜。随着手机的普及、WAP技术的成熟和结合无线网络的优势，我们也应该把手机WAP纳入企业的信息化建设中来。

在手机的使用中，语音是它的根本，企业员工配备的手机也是为了保持沟通的自由；短信是它另外的亮点，一些指令、信息和通告由公司办公室发出，员工尤其是销售人员和物流人员可以方便地收到。移动互联网网站的亮点在于企业相关员工可以随时随地上网，利用授权得到企业网站上的相关信息，例如销售产品价格的调整、库存和生产产品的信息等，另外企业随时在移动联网网站上发布一些相关配件、生产资料和同行业的相关信息。WAP企业网站可以像其他应用(如免费移动互联网网站)一样，没有运营商的限制，只要具备WAP功能的手机，就可以随时登录企业移动互联网网站查看信息，所以移动互联网网站是企业实现无线信息化建设中重要的一步。

二、 企业建立移动互联网站的理由

(一)面对比传统互联网更多的用户

4G网络的商用和智能手机的大量普及，将使手机上网的人数达到惊人的地步。身边越来越多的年轻人用手机访问移动互联网网站，进行APP下载、购物、工作、音乐和图片下载等等。因此，无论你从事哪种行业，都不能忽视这一人数还在飞速膨胀的现象。为了成为其中的一员，也为了向他们表明你乐于为他们服务，你需要为他们而提供移动互联网网站，要知道你的竞争对手也会这样做。

(二)24小时随时在线

商业过程的很大一部分只不过是与其他人的联系。每个精明的商人都懂得进行广泛联系和接触的重要性。传递名片是每次良好会晤的一部分，许多商人都能讲述通过一次偶然的会晤而做成一笔大买卖的故事。那么，如果你能把你的名片发给几千乃至几万个潜在顾客与合作伙伴，告诉他们你所经营的业务，以及他们与你联系的方法，这就会给你带来大量的商业机会。你可以在手机WAP上每天24小时既便宜又轻松地向成千上万的人发名片。

(三)提供多媒体移动商业信息

你可以向手机用户展示你产品的文章、图片、音乐、视频，这些都可以在手机上显示出来，这是非常与众不同的传媒载体，因为可以移动，可以随身随时随地随意。你经营什么产品？怎样与你联系？你采用哪种支付方式？你在哪里办公？现在考虑一种你可以用来

及时传播信息的黄页广告。今天你有什么特别促销活动？今天的潜在顾客有多少？如果你能让你的客户知道他们应该与你做生意的每一条理由，你一定能够做成更多的生意。利用移动互联网网站，你就可以做到这一点。最关键的是，你提供的商业信息是可以移动的，是随时随地都可以访问的，完全突破了固定互联网的限制。

（四）提高大众兴趣

你不可能让当地媒体杂志详细描述你在当地的商店开业情况，但是如果你的商店给人以新鲜感，让人感兴趣的话，你可以让记者们宣传你的移动互联网网站。如果你有自己的固定互联网 WEB 网站，那么你同样可以把你的移动互联网网站的开通信息鲜明醒目推出在 WEB 首页上，使各地的访问者阅读你的移动互联网网站，他们只要能够访问手机 WAP，并对你移动互联网网站有所耳闻，他们就能成为你的移动互联网网站的潜在访问者，成为你的潜在用户。

（五）给最关键的人发送最新信息

你的促销产品需要在第一手时间发布给你的潜在用户吗？你需要给老顾客提供折扣计划吗？过去，你需要把这些信息发布在固定互联网上，或者是张贴海报，或者是在媒体发布广告，或者一一打电话通知，不可否认这些渠道的重要性，不可缺少。但如果你通过手机短信，在第一时间把促销信息发送给你的移动互联网网站访问者，让他们直接访问你的移动互联网网站通知，这将更具有针对性。因为你的促销信息发给了最关注你产品的人，你不能不承认，愿意访问你的移动互联网网站的人是你面对的最关键的人。

（六）将是中国人最熟悉的信息门户

今天覆盖全中国的移动通讯网络为我们创造了一个非常良好的网络基础，超过 7.6 亿人口的终端覆盖，我们进行了大量的信息技术普及，大家不得不承认的事实是在今天中国人最熟悉的信息产品、信息终端不是 PC 电脑，是手机。每一个中国人最熟悉的汉字输入方法不是在 26 个字母的英文键盘上进行输入，而是在小小的手机键盘上，这是中国人面对最多的信息门户。

（七）达到高度理想化的市场

据统计，目前中国的 WAP 手机用户可能是具有最高市场利用价值的群体。WAP 手机用户分布在社会的各个行业和机构中，一般是具有高收入或马上将有高收入的人，用电信运营商的术语来说，是属于他们的高端用户（商业和政府人士）和前卫用户（大中学生与年轻白领）。他们具有比较高的消费能力，通过他们，才能使你的产品达到非常理想的市场。

（八）得到客户反馈信息

为了得到客户的反馈信息，你会分发宣传手册、产品目录、小册子。但是这些都不起作用，这些宣传工作没有带来任何销售，甚至连反馈或询问电话也没有。是什么地方搞错了吗？是宣传材料的颜色？产品的价格？还是市场定位？营销书籍都说：要不断试验，最终便会发现错在何处。对于富商大贾来说这种方法不错，但是对你来说，可能既没有时间也没有金钱来等待这些问题的答案。利用手机 WAP 页面，你可以征求反馈信息，而且没有额外费用就能及时得到反馈信息。你可以在移动互联网网站中嵌入一种快捷的页面响应，这样能使你得到客户最快的反馈，而且没有商业回复信函的费用和延误。

（九）占领教育和青少年市场

如果你的市场是青少年，请考虑一下大多数的大中学生都拥有开通了 WAP 功能的手机，而且更多的学生和青少年都在急于拥有手机和 WAP 上网。你为什么不在手机上引导和潜移默化他们呢？数码产品、书籍、运动鞋、学习课程、青少年服装以及任何希望进入这些市场的东西都需要上网。随着移动商务服务的来临，也许年龄稍大一些的网民不会介入，但是 35 岁以下的青年将会越来越多地钟情于移动商务市场。

（十）服务当地市场

我们已经谈过了用移动互联网网站为全国用户服务的威力。那么，它对你的邻居又如何？如果你在北京、上海、深圳、广州或者其他省会等商业发达的都市，你就可能有足够的手机 WAP 上网的当地客户，从而值得考虑采用移动互联网网站进行营销。甚至你开快餐店，也可以尝试让用户用手机 WAP 直接订购你的服务。无论你在哪里，如果当地 WAP 手机用户众多，你就应该考虑建立移动互联网网站开辟一条新的商业渠道。

在手机上销售产品，你不能急于求成，新的消费习惯和市场渠道不可能一蹴而就。相反，你应当把企业的移动互联网网站建设与推广作为当前的最关键事项，你要告诉用户，引导他们，让用户体会到你的服务。当你理解了在手机上销售产品的 10 个理由，也就理解了这个道理。

三、 企业移动应用 APP 手机客户端的八大优势

APP 多指智能手机的第三方应用程序。目前比较著名的 APP 商店有 Apple 的 iTunes 商店里面的 APP Store，Android 的 Google Play Store。苹果的 iOS 系统，APP 格式有 ipa，pxl，deb；谷歌的 Android 系统，APP 格式为 APK；诺基亚的 S60 格式有 sis，sisx。

刚开始 APP 只是作为一种第三方应用的合作形式参与到互联网商业活动中去的，随着互联网越来越开放化，APP 作为一种萌生于 iPhone 的盈利模式开始被更多的互联网商业大亨看重，如腾讯的微博开发平台，百度的百度应用平台都是 APP 思想的具体表现，一方面可以积聚各种不同类型的网络受众，另一方面借助 APP 平台获取流量，其中包括大众流量和定向流量。

手机客户端是移动互联网最便捷的入口，拥有一款能在不同手机上运行的客户端是移动营销制胜的法宝。APP 手机客户端能使企业可以无须依赖手机媒体、手机应用即可自己实现便捷、有效的移动营销。企业 APP 的营销优势有下面几个方面：

（1）无须依靠其他媒体和应用，即可实现自己的移动营销。企业可以通过自己的手机客户端来进行一揽子的移动营销。

（2）无须输入，即可轻松浏览。不需要浏览器和繁琐的手机输入，在手机上轻轻点击即可以浏览企业信息内容，快捷方便。

（3）随时随地，互联互通。手机客户端可以在各种手机上运行，无论身在何地，你都可以通过手机第一时间把公司最新资料和产品信息传递给任何地方的客户，让营销一步到位。

（4）全方位、多媒体显示。手机客户端具备丰富的信息容量，无论是企业信息还是产品资料，你都可以让它们通过多媒体的方式在手机上呈现。

（5）最便捷的企业宣传册。企业和产品资料通过手机客户端存储在手机上。无论何时何地，遇见何人，你只要打开手机即可以让对方浏览到企业产品和服务信息。让你不错过任何一次宣传和推销。

（6）资料更新，一步到位。新产品、新服务或者新信息发布，更新一步到位。无论你有何信息或者产品资料更新，只需要更新一次。业务员和客户上手机客户端内容会在他们浏览的时候自动同步更新。

（7）移动互联网企业名片。拥有企业手机客户端，就等于拥有一张移动互联网企业名片。它可以在两部手机间轻松地传输，无须携带名片夹却能浏览比名片更丰富的信息。一个电话过后，附上一张手机名片，即便不曾见面，也能让客户对你产生非凡印象。

（8）有效占领移动互联网入口，让你赢在起点。手机客户端作为移动互联网最主要的入口。是一个企业展现自身、与目标用户便捷沟通，同时方便手机用户随时随地查询和浏览，有效占领客户"空闲时间"。企业手机客户端是"移动时代的企业标识"。

四、企业 APP 营销方法

APP 营销是 APP 能否获得广大用户下载和注册使用，并最终成功的重要因素。APP 营销的渠道包括应用商店、广告联盟、手机应用媒体、手机应用论坛等。下面我以 iOS APP 为例：

最有效的营销手段：刷榜、限免、ASO（应用商店优化）、换量，特定类型产品可以利用好微博营销。用户除了付费之外，另一个价值就是传播，对于大部分产品（除了社交类产品），用户只会因为产品的质量而去传播，但这本身要求比较高。最简单实用的办法是设置门槛，要求用户分享。

（一）应用运营前做的准备

（1）ASO 准备。

应用权重可能的影响因素：应用使用状况（打开次数、停留时间、留存率）新应用，或者刚更新会有特殊权重，下载状况，评论数，评星。

关键字匹配：影响搜索结果的要素有标题（255 字节）、关键词（100 字节），收费插件和开发商，汉字算一个字节，可以把竞争对手的品牌词都列进去，描述内容对搜索结果没什么影响。

（2）LOGO 优化。

logo 是对点击率影响最高的因素，直接影响产品能走到的高度，工具类以纯色为主，主色 2～3 种，如果有生活中的物品做参照再好不过了，立体和质感很重要，游戏类以人物头像进行突出。

（3）AppStore 详细页优化。

描述：显示五行，前三行最关键，对用户转化有一定影响，和大部分渠道商合作，他们会要求在描述前面加上他们的信息，虽然可惜，但是不能吝啬。

截图：突出核心功能点并加上一些描述，不要单纯只是画面截图。

评论：通常来说评星数会是评论数的 3～4 倍（除非应用内有引导用户区 APP Store 评论）。

（4）开辟应用推荐，无论在什么位置，但一定要有，这是资源交换的筹码。

（5）设置收费，刚开始的收费让运营的余地大很多。

（二）正式上线之后

（1）刷榜：在上线之后刷一点收费版，造品牌，让业内和用户都看到你，在之后的合作会容易很多。

（2）发码：同样是造势的，投稿并提供码给测评站发文章，和佐佐卡、搞趣之类的做发码活动，不会有太多直接下载，但是对后面铺垫很重要。冰点降价：和发码同一类型，网易有做冰点。

（3）限免：真正的战斗开始了，限免无疑是真正的第一波带量的渠道，所以选择好合作方比较关键，目前的限免第一阵营几家：搞趣、IAPPS、苹果园、软猎、网易。

推送力最强的是搞趣，尤其是他们的特约，如果产品好的话，冲榜肯定没问题，但是他们要求比较高，所以和他们的商务搞好关系，很重要，其他的几家联合限免效果也都还不错。

（4）资源交换：主动给渠道商一些资源位，能帮助你在和他们的沟通中获得更多主动，刚开始你能提供的量肯定是很少的，所以就谈按天算吧，换量比较麻烦，一般也不是特别乐意做。

（5）广告投放：做过一轮限免和资源交换后，有钱的可以开始做广告投放，目前比较优质的渠道有：有米、多盟、AdMob 等。

五、 企业现阶段的多渠道网站模式

（一）Web 版网站

传统企业网站，通过电脑浏览器 WWW 进行访问，大屏幕地展现出企业方方面面的资讯，满足于一般办公室环境浏览的需要。通过 Web 版的宣传推广，网络宣传与竞争对手站在同一起跑线上。

（二）WAP 版网站

手机互联网时代，通过手机浏览器如 UC、Opera 进行访问，WAP 版信息呈现与 Web 同步，风格与 Web 一致，保持企业文化特色，更方便潜存客户随时随地了解到企业资讯。

（三）APP 应用软件

随着触屏手机的广泛应用，客户端 APP 的应用更能捆绑客户，有了 APP 的应用企业将站在行业尖端，成为更高端的企业网站。而 APP 企业官网，更是一道企业建站的核心亮点，同时支撑 Android 和 iPhone，让企业品牌提升一个级别。

 材料阅读

阿迪达斯发布 2012—ClimaCool 清风系列跑鞋。与此同时，im2.0 互动营销为阿迪达斯开发的手机游戏 APP"夺宝奇冰"正式上线。两天后，不可思议的事情出现了："夺宝奇冰"成为苹果 APP Store 体育类免费游戏榜第 2 名、免费游戏软件总榜第 48 名。

新品上线时以一款手机游戏 APP 为核心进行推广，这是运动品牌在中国市场的首次尝试，居然取得了不俗的推广效果：上线不到 1 个月，"夺宝奇冰"下载量已经超过 31 万，传播效果触及近千万人，将会有更多的消费者因此而兴奋地"跑"起来。

关于"夺宝奇冰"，阿迪达斯最初希望其目标用户下载 APP 之后，能够"跑"起来，"跑"出乐趣，与此次推广活动的"跑出趣"品牌理念达成一致，同时希望拉动 ClimaCool 清风系列跑鞋的销量。

然而，阿迪达斯的市场调研结果显示，中国消费者普遍认为跑步是枯燥、乏味的运动，而在日新月异的 APP 游戏市场，只有够酷、够好玩的 APP 才能吸引玩家下载。如何将品牌诉求、消费者特性和玩家心理融合到一起，连接移动 APP、线下活动和实体店销售，这是一个很有挑战性的命题。

"通过解读客户资源和要求，我们认为，只有将手机和游戏结合起来，才能满足阿迪达斯从线上到线下的需求。"im2.0 互动营销 CEO 董本洪说。

为此，im2.0 互动营销将 GPS 实时定位和 LBS 功能植入 APP 中，通过城市地图呈现不同玩家的实时位置，让玩家既能与虚拟人物和物品互动，也可以在同一个城市追赶附近的玩家。同时，im2.0 互动营销还将道具抢夺竞争机制植入其中，并搭配时下最流行的 SNS 分享功能，让用户及时发布状态，充分发挥 APP 的游戏体验乐趣。

阿迪达斯对"夺宝奇冰"APP 极为重视，不仅在游戏中内置了数百双单价近千元的 ClimaCool 清风系列跑鞋供玩家抢夺，还通过其所有的推广渠道围绕"夺宝奇冰"APP 开展相关的活动：在户外，商场 Billboard、地铁站 LED 都植入二维码，方便消费者下载"夺宝奇冰"APP；通过电视节目《开心挖宝》介绍"夺宝奇冰"APP 及其相关活动；在运动类平面媒体发布 QR code……此外，通过零售环节进行线下推广，围绕"夺宝奇冰"APP 在七大城市依次开展线下砸冰活动，甚至破冰道具中最有破坏力的"能量斧"，要求玩家到线下 100 多个阿迪达斯实体店获取。

而且，"夺宝奇冰"APP 是中国第一款 LBS + 真实用户即时互动的品牌类游戏。从行业的角度看，"夺宝奇冰"APP 是运动产品行业首次与移动互联网进行深度结合。从品牌的角度看，此次推广项目与阿迪达斯品牌理念紧密结合，改变了消费者对于跑步运动的认知。

董本洪表示，社交化和移动化即将成为营销大趋势，"夺宝奇冰"用手机 APP 游戏来驱动用户参与的模式，通过抢夺、竞争的游戏机制和 SNS 分享功能，有效地解决了将用户从线上带到线下的问题，帮助客户取得了 O2O(从线上到线下)的整体营销效果，是 im2.0 在互动营销 Social Mobile Marketing 创新的一个典型案例，具有标志性的意义。

"夺宝奇冰"APP 创新营销取得了成功，其设计思路新颖，以独特的体验吸引年轻人加入 360 度透气酷跑行列，以实际行动普及阿迪达斯 360 度透气酷跑生活方式。

第七节　移动邮件——Push Mail 业务

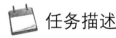 任务描述

了解移动邮件的业务内容、商业模式和商务领域的应用特点，掌握 Push Mail 在企业中的应用功能和营销方式。

任务分析

Push Mail 系统能够将电子邮箱中刚刚收到的新邮件在第一时间，快速地推送到用户手中。Push Mail 的推出，将打破传统电子邮件收发物理平台的限制，即使脱离 Internet 及电脑，同样也可以通过手机及时地处理 E‑mail，能促进企业的业务管理和应急管理效率。

一、 移动邮件业务介绍

移动 E‑mail 接收方式分为三种：Pull、在线浏览和 Push。在 pull 模式下，用户必须手动与邮件服务器进行连接并下载自己的邮件。在线浏览方式中用户必须通过 WAP 网页登录邮件服务器。而 Push Mail，就是用户只要预先在邮件服务器上设定接收邮件的规则（如发件人、主题等），随后当新邮件的内容符合先前所设定的条件，邮件服务器就会直接发送邮件的副本至用户的设备端（如手机、PDA 或 PC），而不必再由用户（客户端）主动或定时发起检查新邮件的行为。目前 Push 模式已经被全球很多企业用户接受，并成为移动运营商吸引高端用户的一项重要业务。RIM（全称为 ResearchInMotion）公司的黑莓（Blackberry）是全球最成功的 Push E‑mail 业务，全球用户已经接近 490 万户，其中绝大多数用户集中在北美，超过 400 万户。现在全球已经有 150 家移动运营商采用 RIM 公司的黑莓业务为用户提供 Push Mail 业务。

中国的移动 Push E‑mail 业务刚刚起步，中国移动从 2004 年 9 月开始与 RIM 公司进行合作磋商，并逐渐在很多地方开始了小规模的试商用，但一直没有正式进行市场宣传。中国联通 2006 年 4 月正式推出了红莓业务，并进行了大规模的市场宣传，这一举措使中国 Push E‑mail 业务市场逐渐受到各方关注。中国移动也在 2013 年 6 月份正式宣布推出了黑莓业务，两大移动运营商将在移动 Push E‑mail 业务领域展开竞争。

二、 移动 Push Mail 业务

（一）移动 Push Mail 的产业链

（1）移动运营商：负责网络的建设和运营维护；品牌的设计和宣传；负责业务、用户管理和计费管理、结算，并考虑提供资讯、娱乐增值服务；终端的定制。

（2）解决方案提供商：提供邮件推送平台、客户端软件和 SP 后台运维服务；提供管理流程，协助移动运营商发展移动 Push Mail SP；提供 SP 接入服务及客服培训，负责移动 Push Mail 新功能及支持机型的后续研发；提供符合移动运营商标准的无线邮件推送业务端到端整体解决方案。

（3）终端厂家：与移动运营商、服务集成商合作，提供种类更多、价格更便宜的支持移动 Push E‑mail 业务的终端，并开展终端营销，从而提高支持终端的渗透率。

（4）用户：使用业务并支付费用。

（5）企业或 SP 邮箱系统：通过与解决方案提供商和运营商合作升级自己的邮件服务器为用户提供服务。

（二）移动 Push Mail 业务的商业模式

移动 Push Mail 业务的商业模式可以分为三种，关键取决于由谁来控制 NOC（network

operation center，网络运维中心）。一般情况下，E-mail 通过交换服务器之后在 NOC 进行存储转发，NOC 可以对终端设备是否在网络覆盖范围内进行检测，如果终端不在服务区内，NOC 将会保存邮件直至终端重新登录网络。

（1）解决方案提供商主导的商业模式：在这种商业模式下，由于很多 Push Mail 解决方案和平台都是解决方案提供商的私有技术，解决方案公司可以选择控制和运营 NOC。例如 RIM 和 Good Technology 公司就采用这种方式，运营商必须向提供解决方案的公司提供服务费用，而且业务品牌通常属于解决方案提供商。

（2）运营商主导的商业模式：在这种模式下，由运营商搭建和控制 NOC，一些规模较小的解决方案提供商或市场后进入者愿意将 NOC 的经营权交给移动运营商，如 Visto 与 Vodafone 的合作就是如此，移动运营商可以建立自己的品牌。

（3）企业自己控制商业模式：还有一些解决方案提供商开发了新的解决方案不再需要 NOC，如微软，因此企业用户可以自己控制业务的全过程，只需要移动运营商提供一定的网络支持。

三、 Push Mail 商务领域的应用特点

（一）主动性

Push E-mail 能提供在线推送功能，用户不必通过连接到无线网络来收取邮件，这也是与以前的手机邮件功能最突出的区别，也正是这一点，保证了邮件收取的即时性。

（二）功能性

Push E-mail 不仅能将文字推送到用户手机上，而且能将图片、音乐和各种文件通过附件的形式推送到用户手机上，功能与 E-mail 应用相同。

支持用户—用户之间的协作，可以设置共享日程权限，分配下属任务（分配的任务直接 Push 至下属手机）。

（三）便利性

中国手机网络几乎覆盖了所有的角落，凡是有人居住的地方，都可以使用手机的网络，而互联网水平远远落后于手机网络，这为用户带来了极大的便利性，不必因为无法上网而失去重要的信息收取。

（四）安全性

Push E-mail 提供了手机号绑定和安全加密服务，这种安全性超过了 E-mail，用户只要密码就能访问邮件带来的安全问题，同时附有防病毒及垃圾邮件过滤功能。

正是这些特点，造就了 Push E-mail 与互联网商务应用的完美结合，并提供了更为高效和便利的商务解决方案。Push E-mail 是中国企业走向移动商务的第一步。我们今天所使用的智能手机，已经提供了绝大多数应用软件，如 WORD 系统，时间管理功能等，要实现真正的移动办公，智能手机必须与 Push E-mail 相结合。移动商务是移动和商务的结合，最简单的理解，就是将现有的办公系统全部在移动手机上实现，事实上，未来的应用会更加丰富，而且应该表现出两者的优点和融合性，比如即时性、随地性、功能整合、使用高效性等等。

四、 Push Mail 应用

下面以某公司的 Push Mail 应用举例，来学习 Push Mail 的使用。

（一）产品定义

Push Mail 产品通过各种网络将用户邮箱的邮件发送到用户手机上。当用户的邮箱有新邮件到达时，系统会及时主动以 SMS、MMS、WAP 或客户端等多种方式，按照用户预先的设置将新邮件的主题、正文或附件推送到用户终端上，用户能够立即阅读、回复、转发或撰写新邮件。通过 Push Mail 业务，用户可以随时随地使用终端接收和发送电子邮件。

（二）产品功能

Push Mail 是综合办公业务的功能之一，企业端的邮件推送代理服务器和客户端软件均由综合办公业务提供，如图 5-33 所示。

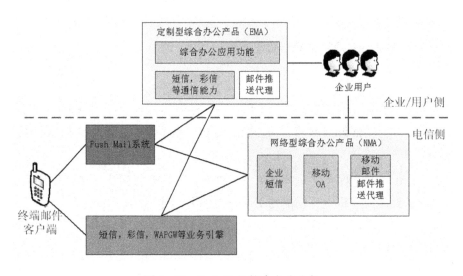

图 5-33 Push Mail 综合办公业务

（三）客户分级应用

Push Mail 可适用于所有用户，可以根据不同的使用需求，分类为集团客户、中小企业客户和个人用户，如图 5-34 所示。

（四）产品功能

（1）邮件短信推送：通过短信方式将用户邮件的主题发送到手机上。

（2）邮件彩信推送：通过彩信方式将用户邮件的主题、正文和图片类附件发送到手机上。

（3）邮件 WAP 推送：通过 WAP PUSH 方式将用户邮件的主题、正文和附件发送到手机上。

（4）邮件客户端推送：通过客户端方式将用户邮件的主题、正文和附件发送到手机上。

（5）邮件新建、回复、转发：通过客户端或 WAP 方式，用户可以新建、回复、转发邮件。

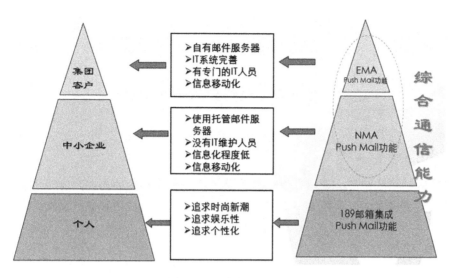

图 5-34 客户分级应用

（6）邮件附件选择下载：邮件接收时默认不下载附件，用户可以选择是否下载附件。

（7）邮件附件转换：系统根据用户终端能力，对附件进行转换，以保证能够在终端上阅读附件。

（8）邮件删除：用户通过 WAP 和客户端方式，删除邮件，删除邮件可以删除手机本地邮件或同时删除服务器中的邮件。

（9）多邮箱账号绑定：用户可以绑定多个邮箱，最多为 5 个。

（10）邮件过滤：客户可以设置邮件过滤条件。系统将符合过滤条件的邮件发送到用户手机。

（11）客户端下载安装：用户通过 WAP 下载安装或升级客户端方式。

（12）终端信息管理：支持对终端进行归类管理功能，支持自动/人工导入用户终端信息。

（13）日志管理：平台具备完善的日志功能，能对用户的访问等进行记录。

（五）营销方式

（1）线上营销：短信群发 Push Mail 业务介绍和自助服务门户地址。

（2）优惠促销：开设免费专区，并实现定期更新；针对新入网用户，提供短期的免费体验。

（3）产品宣传：在传统媒体（如电视）、渠道（如超市、报亭）等受众面广的资源方进行合作推广或硬性广告投入，同时在支持 Push Mail 的手机包装盒中增加产品手册。

 材料阅读

"9·11 事件"中，美国通信设备几乎全线瘫痪，但美国副总统切尼的手机有黑莓功能，并可成功进行无线互联，能够随时随地接收关于灾难现场的实时信息。之后，美国便掀起了一阵使用黑莓的热潮。美国国会因"9·11 事件"休会期间，就配给每位议员一部黑莓"Blackberry"，让议员们用它来处理国事。

随后，这个便携式电子邮件设备很快成为企业高管、咨询顾问和每个华尔街商人的常备电子产品。

第八节　移动 SNS 业务

 任务描述

了解即时通信的定义、现状以及发展趋势，了解 SNS 营销的相关内容，了解移动 SNS 营销对企业的积极意义，掌握 SNS 营销主要策略方法、营销技巧和盈利模式。

 任务分析

随着 3G 上网技术的成熟，智能手机的普及，移动互联网市场渐渐展现在人们面前。移动 SNS 越来越受欢迎，其市场价值也逐渐显现。目前，以移动新平台为基础，移动 SNS 呈现出娱乐性、即时性、真实性等特点。未来移动 SNS 应专注于应用的精简易用，以用户体验为中心，与线上、线下企业合作，深度发掘 SNS 在营销推广中的应用。

一、 即时通信

（一）即时通信现状

即时通信（Instant messaging，IM）是指能够即时发送和接收互联网消息等的业务。正式面世于 1998 年，在最近几年迅速发展，即时通信的功能日益丰富，逐渐集成了电子邮件、博客、音乐、电视、游戏和搜索等多种功能。即时通信不同于 E－mail 在于它的交谈是即时的。大部分的即时通信服务提供了状态信息，显示对方是否在线。网站、视频即时通信如 QQ、微信、MSN、人人桌面、新浪 UC、百度 Hi 等这些都是我们熟知的。

当前即时通信市场的格局处于垄断竞争状态，代表娱乐方向的腾讯已成为主流即时通信提供商。在中国目前的移动 IM 市场，腾讯凭借 10 多年来在互联网方面积累的庞大用户群体，以及在用户口碑和用户使用习惯等方面的先行优势建立了极强的竞争壁垒，预计未来一段时期内还将保持领先地位。其他的 IM 产品诸如 MSN 很受商务人群欢迎；淘宝旺旺则依靠网上购物黏住了大批用户。但是，今后的很长一段时间内，腾讯在即时通信市场的垄断地位仍将继续，而其他即时通信工具仍将层出不穷，新的用户或许会选择更加个性化的即时通信工具，但是腾讯的地位很难被打破。

随着电子商务的发展，网购会更加盛行，阿里旺旺的使用必然增加，其他电子商务网站或许也会开发出各自的即时通信工具。但是一流的企业制定的标准仍然会束缚其开发行为同时影响用户的使用行为。即时通信工具在不断发展过程中日益强大，新的特性日益突出，成为主要的发展趋势：

①开放性：跨平台、跨网络；

②多功能性：综合信息平台；

③商务化：商务沟通应用；

④产品多元化：软件产品及服务层出不穷。

总体上，即时通信软件市场结构分为个人应用和企业应用两部分，因此它的发展趋势也必然要围绕这两部分应用来进行探讨。未来的中国即时通信市场发展趋势包括综合化、专业化、互联互通和安全化等四个方面的内容。他们之间有着很强的逻辑关系，个人应用领域的综合化和企业应用领域的专业化导致了用户对互联互通的需求，而互联互通的实现需要安全技术作为保证。

（二）移动 SNS

移动 SNS（social network site），即是基于移动互联网的"社会性网络服务"，可以把其简单等同于移动联网中的"社交"服务。移动 SNS 可以说是手机 SNS，用户无须依赖传统互联网络，可借助强大的手机通信和传输功能直接使用 SNS 网络的各项功能和服务，实现手机上网完成数据获取和交换的功能。2010 年，市场调研机构 comScore 最新公布的一项数据显示，越来越多的用户开始用手机来访问社交网络，特别是智能手机用户。随着 3G 手机的广泛应用和 4G 网络的商用，各传统互联网上的 SNS 网站相继推出手机服务，开拓移动业务。3G 条件下的手机 SNS 则可以打破电脑的限制，它的网络传输速度能够使许多功能在手机上实现，弥补 2G 手机上网网速过慢、很多功能只能通过电脑实现等不足，使 SNS 成为能够随时追踪用户动态的社区网络。手机 SNS 能够满足用户随时浏览 SNS 网站的需求，在商业领域拥有传统互联网不具备的优势。

4G 时代的到来，更快的网速、更加丰富的服务为用户提供了多样的选择。传统互联网上的各类资讯、游戏、娱乐、电子商务等等服务都可以顺利地延拓到移动互联网上，并因此发生巨大的变迁。而移动 SNS，则发展了一种个人媒体，这种媒体整合了信息服务、消费服务、娱乐和传播等多种功能。

二、SNS 营销

（一）SNS 营销的产生背景

21 世纪的今天，互联网飞速发展，网络已经深入到人们的生活之中，人们生活中的方方面面都离不开网络，在网络高速发展的同时，电子商务也在蓬勃崛起。而随着市场经济体制的进一步完善，推进市场经济增长方式转变和结构调整的力度继续加大，发展电子商务的需求也将会更加强劲。电子商务将会广泛应用于生产、流通、消费等各个领域和社会生活的各个层面。这将促使全社会电子商务的应用意愿不断增强，有关电子商务的政策、法律、法规相继出台，电子商务的政策、法律、法规也会不断完善。随着互联网的发展，SNS 逐渐盛行，通过 SNS 整合的网络应用形式也越来越丰富。

（二）SNS 营销的定义

SNS，即社会性网络服务，是一个采用分布式技术，通俗地说是采用 P2P 技术，构建的下一代基于个人的网络基础软件。旨在帮助人们建立人与人之间的社会网络或社会关系的连接。如聊天、寄信、影音、文件分享、博客、讨论组群等用户交互方式。一个社会网络服务，包括表示每个用户（通常是一个配置文件）的社会联系和各种附加服务。大多数社会性网络服务是基于网络的在线社区服务，并提供用户在互联网上互动的手段，如电子邮件和即时消息。有时被认为是一个社交网络服务，但在更广泛的意义上说，社会性网络服务通常是指以个人为中心的服务，并以网上社区服务组为中心。社交网站允许用户在他们的网络共享他们的想法、图片、文章、活动、事件。

（三）SNS营销的平台

SNS营销是利用SNS网站的分享和共享功能，在六维理论的基础上实现的一种营销。通过病毒式的传播，问卷调查、产品宣传等可以从一个圈传播到另一个圈，直至把整个SNS网站都传遍。SNS营销相对来说还比较新型，这种互动不仅使人们的生活更加便捷，而且也使人们的生活变得更加丰富多彩。

传统网站内容由网站自身产生，如典型的新闻门户，而SNS社区绝大部分内容由用户产生，并且内容公开，有各种各样手段来方便用户之间共享内容。比如依托腾讯QQ的真实社交网络朋友网，娱乐型社交网站人人网、开心网就是SNS营销的几个典型平台，还比如一些论坛、微博等营销平台，在这些平台上，媒体与受众之间界限模糊，受众与媒体产生双向交流，用户之间也可以自由互动。因此，SNS社区中，关系较之于内容更为重要。网站与用户之间的关系，以及用户之间的关系都发生了彻底性的改变。由于共同的话题用户聚集在网站上，同一个网站的用户也很容易因为共同的爱好，在网站内形成更小的圈子进行深度交流。

（四）SNS营销特点

1. 资源丰富

无论是综合的SNS还是垂直的SNS，目前均没有特定的用户群体，人员分布很广泛，分布于全国各地、各行各业。根据"用户就是资源"的原理，SNS网站具有无限的资源，由广大用户在使用中慢慢地帮助SNS网站积累资源。

2. 用户依赖性高

由于SNS网站积累的大量资源，SNS用户可以更快捷的在网站上找到自己想要的，比如找老乡、找自己喜欢的东西等等，通过其他用户提供的资源可以解决这个问题。又如，在SNS可以认识很多志同道合的人，经常上去交流一番，逐渐地形成了一定的用户群体，并有较高的用户黏度。

3. 互动性极强

SNS网站有着相当好的即时通讯效果，非常方便。在SNS网站人们不仅可以就自己喜欢的、当下热点的话题进行讨论，也可以发消息给好友，还可以发起投票，提出问题，调动所有人的智慧。

4. SNS网站的高价值

SNS网站拥有非常高的价值。由于SNS网站丰富的资源，有些用户通过写日志记载了自己的心迹，有些用户通过SNS认识了更多的朋友，有些用户通过在SNS上发软文推广了自己的网站等。这些都体现了SNS网站的价值所在。

（五）SNS营销的阶段过程

1. 接触消费者

在满足用户情感交流、SNS互动、APP娱乐、垂直社区、同好人群等需求方面提供了多种服务和产品，这些产品为广告主接触用户创造了大量的机会。通过精准定向广告直接定位目标消费者。

2. 消费者产生兴趣

精准定向的 Banner 广告创意与用户群的契合会带来用户更高的关注度，同时来自好友关系链的 Feeds 信息、与品牌结合娱乐化的 APP 更容易引起用户的兴趣，这些兴趣可能是用户的潜在消费欲望，也有可能是受广告创意的吸引。

3. 消费者与品牌互动

通过参与活动得到互动的愉悦与满足感。也可以通过 APP 植入与消费者进行互动，APP 植入广告在不影响用户操作体验的情况下传递品牌信息。

4. 促成行动

通过消费者与品牌的互动，在娱乐过程中消费者潜移默化地受到品牌信息的暗示和影响，提升了消费者对品牌的认知度、偏好度及忠诚度，从而对用户线上及线下的购买行为和选择产生影响。

5. 分享与口碑传播

用户与品牌互动及购买行为，可以通过自己的博客等进行分享，而这些基于好友间信任关系链的传播又会带来更高的关注度，从而品牌在用户口碑传播中产生更大的影响。比如目前有很多家公司将他们的产品和广告植入到游戏中，像伊利牛奶成功地把营养舒化奶植入到人人餐厅小游戏中，王老吉更是开发了"王老吉庄园"，"纯果乐"则是植入到了阳光牧场里，通过"纯果乐乐园"让用户深入了解其生产过程，推广其多种口味的产品，让用户在玩游戏的过程中一步步去了解其产品，显然，这种推广方式比传统营销方式更加精准有效。

三、 SNS 营销应用于企业的意义

1. SNS 营销可以满足企业不同的营销策略

SNS 最大的特点就是可以充分展示人与人之间的互动，而这恰恰是一切营销的基础所在。作为一个不断发展和创新的营销模式，越来越多的企业尝试在 SNS 网站上施展拳脚。根据企业的性质和营销偏好，企业可以开展：

（1）各种各样的线上的活动。例如，悦活品牌的种植大赛、伊利舒化奶的开心牧场等。

（2）产品植入。例如，地产项目的房子植入、手机作为送礼品的植入。

（3）市场调研。在目标用户集中的城市开展调查了解用户对产品和服务的意见。

（4）病毒营销。植入企业元素的视频或内容，使其在用户中像病毒传播一样迅速地被分享和转帖。

2. SNS 营销可以有效降低企业的营销成本

SNS 社交网络的"多对多"的信息传递模式具有更强的互动性，受到更多人的关注。随着网民网络行为的日益成熟，用户更乐意主动获取信息和分享信息，社区用户显示出高度的参与性、分享性与互动性，SNS 社交网络营销传播的主要媒介是用户，主要方式是"众口相传"，因此与传统广告形式相比，无须大量的广告投入，相反因为用户的参与性、分享性与互动性的特点很容易加深对一个品牌和产品的认知，容易形成深刻的印象，形成好的传播效果，具有良好的媒体价值。因此，营销成本充分降低了。

3. 可以实现目标用户的精准营销

SNS 社交网络中的用户通常都是认识的朋友，用户注册的数据相对来说都是较真实的，企业在开展网络营销的时候可以很容易对目标受众按照地域、收入状况等进行用户的筛选，来选择哪些是自己的用户，从而有针对性的与这些用户进行宣传和互动。如果企业营销的经费不多，但又希望能够获得一个比较好的效果的时候，可以只针对部分区域开展营销，例如只针对北、上、广的用户开展线上活动，从而实现目标用户的精准营销。

4. SNS 营销是真正符合网络用户需求的营销方式

SNS 社交网络营销模式的迅速发展恰恰是符合了网络用户的真实需求——参与、分享和互动，它代表了现在网络用户的特点，也是符合网络营销发展的新趋势，没有任何一个媒体能够把人与人之间的关系拉的如此紧密。无论是朋友的一篇日记、推荐的一个视频、参与的一个活动、还是朋友新结识的朋友都会让人们在第一时间及时地了解和关注到身边朋友们的动态，并与他们分享感受。只有符合网络用户需求的营销模式才能在网络营销中帮助企业发挥更大的作用。

将 SNS 营销用于企业，无论是企业树立自己的品牌，还是拓展销售产品，都是最直接、最快速达到效果的方法，自然给企业带来丰厚的回报。

四、 SNS 营销主要策略方法及营销技巧

(一)SNS 营销主要策略

SNS 面向个人消费者是免费的。只面对战略结盟者收取少量软件准入许可费。

1. SNS 市场定位

社交网络服务提供商针对不同的群众，有着不同的定位。例如最初的社交网站是用于交友，也有网站专门为商务人士交友提供服务，华人地区类似的网站有位于美国的聚贤堂，不过盈利前景最大的网站依然是婚恋交友网站。此外就是面向年轻人及大学生的 SNS 网站也比较受欢迎。

2. 抢夺基于服务器的互联网公司的用户资源

放弃即时通信商依靠销售注册号码盈利的方式，使得他们无法通过广告获得收入。在消费者心目中树立起这类应用根本不需要开发者具有成本的意识，使他们的服务器拷牢用户的战略破产。

在消费者心目中形成互联网应用就在自己的机器上的印象。将他们培育的用户顺利地转移到 SNS 上来。同时，使他们的服务器和带宽成本放大，利用 SNS 开发 P2P 游戏，使游戏商发行游戏，不再依赖大量的服务器。从而打乱游戏运营商的垄断梦，让消费者获得更实惠的游戏体验。

3. 与创造了信息本身及服务本身的产业伙伴结盟

与电信运营商结盟，免费许可他们在 SNS 广泛地建立电信传统业务，例如 QQ 短信，免费许可移动运营商使用，而不收取运营商的分成费。但 SNS 要收取他们的按用户数许可的人头费。

与银行结盟，使在 SNS 上进行交易的人们可以方便地利用银行的支付系统进行交易活

动。SNS 许可支付运营商直接在 SNS 上从事这项业务，而且免费。但 SNS 要收取支付运营商面向交易者收取的手续费中的一部分，而且作为代理方式获得。

与有形产品供货商、交易安全保险商结盟，供货商可免费从 SNS 这里获得相关应用程序，并获得 SNS 的商品登录目录服务。SNS 就是一个 EBAY 那样的系统，但完全免费开放给供货商，内容供应商使用。其中有需要交易安全保险服务者，可以购买与 SNS 合作的保险公司的服务业务，但 SNS 向保险服务商收取保险费中的一部分作为代理费。

与个人信息创造者结盟，那些乐于创造信息的个人，他们需要的应用程序可以委托 SNS 开发，也可以是第三方厂家开发。应用程序免费，SNS 从他们个人那里收取 6% 的分成费。

与 SNS 应用程序及服务商结盟，向第三方开发者开放 SNS 开发库，他们所开发的应用程序及服务所获得的收益由他们自行处理。但 SNS 要他们在市场推广时和他们一起促销。

结盟运动的中心只有一个：将 SNS 发展为一个事实上的标准平台。打击已对生产信息、销售信息提供服务的传统生产者和服务者的网站，让生产者和服务者，个人站在我们这一边。

（二）SNS 营销方法

1. 事件营销或话题营销

BLOG 的方式成就了一大批的草根，重要的原因就是因为事件营销，但是 SNS 网站虽然有事件营销的机会产生，但是绝对不适合作为营销的方式进行传播，SNS 网站的核心是充分地尊重会员，做一个分享、平等、开放的平台。

2. 好友邀请营销

MSN 邀请和邮件邀请等方式的大量使用，导致许多人对 SNS 网站发送的邀请信反感。但是，邮件邀请的确是效果最好的一个营销方式，邮件邀请人都是朋友，在虚拟的网络里，第一能信任的就是朋友，因此好友邀请营销是必需的。这就涉及怎样找准目标好友的问题，或者好友很少的情况下该如何精准地找到好友？总结得到以下三点。

（1）朋友的朋友。

没有好的方法去加好友，那么可以加一些人气比较旺的人，他们一般都有很多好友，可以去加他们的好友成为自己的好友。我们先找对一批非常精准的目标人群，最好是圈内人脉非常广的人，之后顺着他们的好友线索，一点一点挖掘。

（2）搜索相关人群。

如果目标人群是发散式的，通过第一条找不到的话，可以用此法。具体方法如下：例如要找体育发烧友。首先，我们先确定国内最有名的体育院校或是院系，然后在 SNS 的搜索好友中，针对这些院校进行搜索。

（3）通过信息吸引别人来加你。

在上面的两个方法都比较难操作时，可以通过发布一些热点的信息来吸引大家的关注，好的内容什么时候都值得推荐。

3. 软文营销

软文营销目前是 SNS 网站比较好的方式之一。因为 SNS 本身是个刚开始推广的概念，即便行业内的人也需要了解 SNS 的真正内涵，所以软文营销是必须也是最好的。先让网络行业内的人士了解、使用 SNS，然后向网络外的人士宣传和推广 SNS 的概念以及模式，SNS 网站才能发展起来。

4. 活动营销

线下的活动是能够快速提高知名度和口碑的主要宣传方式。活动也是传统网站增加会员积极性的重要方式之一，对于 SNS 来说，活动是最有效、最直接的宣传方式，只是传播的速度慢，范围小。绝对是前期网站发展的重要营销方式之一。

（三）SNS 营销技巧

SNS 是一种聚合的社会化网络，现今国内人气比较旺的 SNS 网站有开心网、人人网、欢乐网、豆瓣、51、聚友等，大量的实践证明 SNS 社区拥有更强的黏性、更高的信任度、更有效的口碑力量。今后，使用 SNS 的用户会越来越普遍，SNS 营销将成为网络营销不可忽视的力量。很多欧美的大型企业都在 SNS 上展现了互联网运营的成功实践，下面就为大家介绍一些 SNS 营销的技巧。

1. 注册好友

注册成功后，把站内比较活跃的用户都加为好友，提高 ID 在这个 SNS 里面的知名度。

2. 加入相关的群组

跟 QQ 群组一样，通过查找，申请加入多个与推广产品相关群组。例如：股票，外汇，基金，股指期货群。

3. 每天更新日志

分享给好友与群组，引起大家注意。尤其提供一些大家比较关注的有用信息。SNS 社区里面的信息只有被用户认可才有可能被分享，从而达到传播的目的。

4. 发起热门投票

SNS 社区都有一个基本的功能，那就是投票功能。我们可以在 SNS 里面发起一些投票。一方面可以用作数据分析，另一方面可以提供站内用户对你的关注度。

5. APP 游戏推广

目前 SNS 社区里面有许多热门的游戏，这些游戏在一定程度上促成了 SNS 的大力发展。因为这些游戏在 SNS 里面是很受欢迎的。利用这些游戏推广网站很有必要。

6. 高楼下留脚印

很多别人分享的热门的日志或者话题访问量非常之高，因此，占个沙发，打个小小的广告是个很不错的选择。

7. 炒作值得用户分享的热门话题

按照六度空间的理论来推断，一个引人注目的话题在 SNS 社区中不断分享可以传播到 SNS 每个角落。不同行业的热门话题应该发表到相对应的行业 SNS 中分享。

8. 充分利用好每个有用的组件

SNS 注册进入后可以通过添加组件把一些有用的组件打开。有用的组件可以分成两大类，一类是感情互动类，通过这些组件可以慢慢加深与好友的感情，对后面的推广非常有帮助。另一类就是推广分享类，通过这些组件可以把要推广的内容渗透进好友的眼球。这两类相辅相成，当感情建立起来后，所宣传的东西就会有人相信了。

（四）SNS 营销盈利模式

1. 代理银行支付系统运营商的支付业务

这一运营商在 SNS 上支持的商户，每产生一笔交易，SNS 的将获得交易额的 1% 到 2%。但 SNS 自己并不做支付业务运营商，目的是发挥支付运营商的积极性，扩大交易市场的总份额。

2. 开发各类交易系统，引入交易安全保险业务

SNS 从中代理其交易安全保险业务。每个交易保证手续费，SNS 可从中获得 1%～5% 的代理费用，这一交易安全保险业务商就是中国银联这样的金融组织。

3. OEM 许可证交易

预计大型企业需要 SNS 的特殊技术许可，并委托 SNS 为其定制解决方案，这将成为 SNS 的直接技术交易收入来源。

4. 战略合作交易费

某些特殊应用将有某些行业垄断公司需要使用，这包括网络电视运营商，他们如果需要特殊的应用，就必须获得 SNS 的技术授权。

5. 开发并经营 SNS 上垄断性的业务

SNS 拍卖交易系统是 SNS 需要进行垄断经营的具体业务应用，这是商业全球化的趋势所决定的，因为销售者更为重要，物质已经极大丰富，要真正做好 SNS，合适的产品，合适的 SNS 群体，较好的人脉活力维持，较好的服务意识，用心去展示自己的产品，这些都是必不可少的成功条件。

 材料阅读

对于开心网的老用户，对于"悦活"这个品牌一定不陌生。因为悦活种子曾经是开心农场中最热门的种子，榨"果汁"送网友，也是当时的热门话题之一，其实这是悦活利用开心农场进行的一次 SNS 植入营销。悦活是中粮集团旗下的首个果蔬汁品牌，在其上市之初，并没有像其他同类产品那样选择在电视等媒体上密集轰炸，而是选择了互联网，当时开心网正火，于是在 2009 年，中粮集团与开心网达成合作协议，以当时最火的开心农场游戏为依托，推出了"悦活种植大赛"，通过 SNS 站点来进行营销策划，很显然这次的 SNS 营销做得很成功。

在游戏的过程中，用户不但可以选购和种植"悦活果种子"还可以将成熟的果实榨成悦活果汁，并将虚拟果汁赠送给好友，系统会每周从赠送过虚拟果汁的用户中随机抽取若干名，赠送真实果汁。在这次活动的基础上，悦活又在开心网设置了一个虚拟的"悦活女孩"，并在开心网建立悦活粉丝群。通过这个虚拟 MM，向用户传播悦活的理念。由于该活动植入的自然巧妙、生动有趣，所以活动刚上线便受到追捧，悦活玩转开心农场把虚拟变成现实，为游戏增加趣味，提升了用户的积极性，自然这次活动也很成功了，两个月的时间，参与悦活种植大赛的人数达到 2280 万，悦活粉丝群的数量达到 58 万，游戏中送出虚拟果汁达 102 亿次。根据某咨询公司调研报告，悦活的品牌提及率短短两个月从零提高到了 50% 以上。品牌价值直线上升，这算得上是中国经典的一次 SNS 营销案例了。

► ‖ **复习思考题** ‖ ◄

1. 什么是移动定位？它的定位领域都有哪些？
2. 企业微信公众平台营销的策略都有哪些？
3. 微信企业管理对企业都有哪些促进意义？
4. 什么是云计算和云存储？两者有什么关系？
5. 云计算为企业带来的积极意义都有什么？
6. 中小企业应用云计算的必要性都有哪些？
7. 常见的云盘都有哪些？
8. 移动电子商务目前能提供的核心服务都有哪些？
9. 移动支付的主要优势都有哪些？
10. 什么是搜索里的竞价排名？
11. 企业建设移动互联网站的必要性是什么？
12. 什么是 Push Mail 业务？
13. Push Mail 商务领域的应用特点是什么？
14. 简述 SNS 营销的特点。
15. 简述 SNS 营销的主要策略和技巧。

第六章 移动互联网企业应用解决方案

学习完本章之后，你将能够：

● 了解移动互联网对商业、经济或社会的影响；

● 了解企业移动互联应用的各种需求，阻碍移动互联网技术在企业应用的原因；

● 了解企业营销现状，掌握移动互联网时代的网络营销策略、移动信息系统逐渐
演进的改造方式；

● 了解企业移动互联网技术积累的过程，熟悉不同企业技术积累人员的知识要求。

第一节 移动互联网对商业、经济或社会的影响

 任务描述

了解移动互联网两大技术潮流即移动技术和社交网络的影响力将不断增强，并将改变
商业、工业以及整个经济。

 任务分析

如何驾驭这浪潮，如何利用信息科技的力量，如何在激烈的竞争中胜出将是未来重要
的研究课题。

移动互联网技术是一项颠覆性的技术，它将彻底影响商业、经济或社会。移动互联网
两大技术潮流的融合使社会产生迅速变革：其一是智能手机的普及，其二是社交网络的广
泛应用。社交网络能够大幅提高电脑设备的使用率，而智能手机会增加社交网络的效用。
这是一个互相推动的良性循环。同时移动物联网的崛起，使实物的流动普及到每一个普通
人的日常生活中，更加速了变革的速度。移动技术和社交网络的合力将在未来10年提升
全球50%的国内生产总值。它们的影响力将不断增强，并将最终改变商业、工业以及整个
经济。

一、 移动互联网技术将会加速信息革命

人类历史上曾经有三次伟大的经济革命——农业革命、工业革命和现在的信息革命。
每次伟大的经济革命都由能够利用某种能源的科技进步引发，而且通过利用能源，它解放
了人力并可将其移作他用，最终实现全球财富的增长和生活质量的提高。

1. 农业革命

在农业革命时代，人类通过耕种农作物和驯养家畜利用生物能源，将人类从日复一日的觅食打猎中解放出来，由此产生的食物剩余带来人力的富余，从而促使觅食打猎者变成农夫、建筑师、工匠和店主。游牧民成为城市居民，而随着经济深度和复杂度的增加，人们变得越来越富裕。在农业革命中，游牧生活方式的变化使人类社会不得不适应群体生活并协作生产。它使得能干的猎手在经济权力上让位于能干的规划者，使得酋长和部落在政治权力上让位于国王和王国。

2. 工业革命

在工业革命时代，人们利用煤和石油所产生的化学能源替代动物能源，并且因此使大规模生产新产品成为可能。电力推动重工业超越了石化能源和蒸汽动力设备的局限。因此，人力得以从食品生产转向产品生产和运输系统，降低了产品的制造成本，并且使人类的财富增长。在工业革命中，人们离开农村来到人口密集的城市居住。劳资双方的经济权力重新划分，而且政治权力也从独裁体制转化为更民主的体制。

3. 信息革命

信息革命同样是利用能源，正是"信息能源"使我们的经济运行产值更高且更有效率。电脑是信息革命的核心，它帮助我们掌控和管理全球资产，而且让很多目前耗费人力和时间并易出错的业务自动化。移动计算技术以其全球通用的平台，将信息革命推动到一个崭新的水准。正如电力曾是推动工业革命超越石化能源和蒸汽动力设备的临界点技术一样，移动智能就是推动信息革命超越传统信息处理局限的临界点技术。然而，每次革命同样会带来社会架构、政治体制和经济的颠覆。同样的颠覆也将发生在当今的信息革命中。现在说颠覆的形式如何为时尚早，但是种种迹象表明隐私问题和社交网络沟通将推动形成新的社会规范。实体设施将被虚拟店面替代，低技术水平的服务工作将由软件自动化所取代。

类似于之前所有的经济革命，信息革命也将解放人力和资本，使之用于创造更多的财富和改善更多人的健康状况。移动计算技术将会成为影响我们这代人最具颠覆性的技术，而它所推动的革命正在飞速发展。农业革命从开始到结束持续了几千年，工业革命持续了几百年。信息革命在移动智能的推动下，将会在短短的几十年里改变我们的世界。软件将密布整个地球，充满每个空间，激动人心的机会将无处不在。

二、 移动互联网技术带来社会变革

移动计算技术促使软件取代实体产品和服务。它可以为大多数人提供一个全球通用的智能平台，而且它能激发无数新应用的产生，而这些新应用离不开每个人随身携带全球联网的智能手机。这个潜力将颠覆大家习以为常的行为并影响消费者、公司、政府和全球经济的各个机构。

1. 纸张的改变

纸张曾经是地球上最通用的承载信息的工具，它承载着小说、新闻报道、杂志故事、家庭作业以及各种商业报告。然而手机屏幕是神奇的纸张，它可以随便翻阅，将文字和多媒体完美融合。它便于查找、发送以及缩放。无论它存了多少内容，重量始终不变，甚至可以将整个图书馆握在手心。纸质的资料将会很快被取代，"无纸化办公"将会成为更多人的首选。

2. 即时的娱乐

DVD 盘和电影胶片承载电影、电视节目、游戏和照片。以往，要想享受这些内容会受到很多时间、场所等方面的局限。但这些信息均可以变成手机软件，而且形式各异，使用者可以随时随地观看感兴趣的内容，带来了更多的便利。

3. 智能钱包

现金、信用卡和会员卡都将成为用户的手机软件。用户可以设定电子货币花钱的时间期限，可以设定各种特别的使用规则，而且如果有任何可疑情况出现可以及时通知警方。有了电子货币，信用卡诈骗犯罪率将急剧下降，将会更安全、更有效地方便使用者。

4. 陈列室无处不在

有了移动智能技术，用户可以随时购买身边看到的物品。如果喜欢某种商品，用户可以马上订购，并选择最低价的供应商送货到家。用户的周边环境会成为商场陈列室，而零售库存和实体陈列室将变得可有可无。这个效果对于高档商品(如家具、电子产品和汽车)更为显著，但也将影响低档商品。

5. 超流动的社交网络

人们访问社交网络的时间远远超过其他任何网站。移动智能技术可以增强这项应用，使得社交互动无处不在，人们可以和他们的朋友在线沟通。截至 2014 年年底，用户数已经达到 6 亿以上的微信和微博网站，拥有最丰富的消费者背景资料和心理细分的数据。公司可以通过分析这些数据设计出一系列新的"人性化应用"，让公司和消费者建立更加互利和忠诚的关系。

6. 全球可达的医疗

当用户可以通过手机，花费 10 美元请一个远在印度班加罗尔的大夫进行诊治的时候，全球化就真正实现了。那个大夫将检查我们的体温、血压、心率，以及通过连在手机上的或是医务室的医疗传感器为用户们做心电图检查。医疗服务中心，例如紧急呼叫中心，将可以设在巴西和中国为全世界服务，并可刺激价格竞争。移动智能技术还可以让偏远地区的农民得到及时的治疗，而且可以监控疫情的爆发。

7. 全球普及的教育

目前，公共教育成本高昂，而且比较低效，移动智能技术可以将顶尖的老师和专家带到每一间教室，在改善教学质量的同时节省经费。在发展中国家，大约 1/4 的孩子未能完成小学教育，而有近 10 亿人还是文盲，移动计算技术可以将教育推广到以前从未覆盖的角落，从而大幅提高教育的水平。

三、 社交网络的影响

在移动技术的推动下，社交网络正不断推陈出新。移动互联网的新型社交网络提供了一个海量的新型网络，正在演变成一种全球有机体，拥有实时的全球意识的集合智能。并随着每个新成员的加入，不断地拓宽范围、充实知识库。人们随时随地体验和参与，消除互动的时间间隔，不断研究了解社交网络的动态，创造着新的网络联系和新的途径。

1. 个人广播系统

社交网络的最初核心应用就是作为一个广播系统，允许每个人将自己的近况和想法发送给他的朋友们。每个人都觉得有话想说，于是社交网络就提供了这个讲台，我们成为自己的小规模的广播员，有一群友善的听众。Twitter 将这个创意进一步深化，变成任何人都可以收听任何人的广播。而且，它的更新非常快。Facebook 使得分享几乎是瞬间即刻的。你可以拍张照片、发帖，然后 60 秒内将会有 3000 人在他们的首页上看到。这样使用社交网络让用户可以和多年不来往的老校友保持联系，也让用户了解经常见面的朋友的最新动向。

距离远近变得无关紧要，人们已经被移动计算技术带来的社会联系包围。

2. 社会协调系统

社交网络应用的发展，很快就超过了朋友之间的近况更新，而用于协调社会活动。用户将更多地应用社交网络作为实时的"社交雷达"，使用移动社交应用程序管理即时的活动，联系协调变得即时且有效。

如拼车出行，以往收效甚微，主要原因是很难协调每个人不断改变的时间安排。但在移动社交应用程序管理下，一个真正高效的拼车系统可以适应这些变动，而且可以即时地得出解决方案。移动社交应用可以给开车上班族提供搭车的机会，当标明在某个特定的时间、从某个特定的地点出发以及去往特定的目的地后，朋友们甚至陌生人都可以用他们的手机即时竞价，最早竞价的两三个人可以得到搭乘机会。

3. 新闻过滤系统

过去，新闻机构帮用户筛选网上海量的新闻。社交网络正在改变这一切。在社交网络上，每个人都有着成百上千的可信赖的编辑，他们在浏览互联网的各个角落，然后收集重要的信息、分享链接、发布报道、发送简介以及对报道进行评论。这是一个动态汇集的新闻流，和每个人息息相关，因为编辑就是用户的朋友。依靠朋友和他们的能力，这些新闻将会是有价值的、优化的且经过过滤的。社交网络上最重要的内容，凭借每条新闻被阅读、转发、评论和转发的频度，而成为优先阅读的内容。随着用户越来越多地参与这个合作的新闻机构，它会传播得更广，而且为每个人选择相关度高的内容。所有这些将对传统新闻机构及其广告投放造成巨大的影响。

4. 直接联系消费者

商户和政治家也认识到社会助力的新闻再传播的重要性。以前，各个组织将大量的资金投放在大众广告和公关上以传递信息。现在，通过社交媒体，它们的发布成本几乎为零就可以传递信息。"请关注我们的微博"以及"在微信上关注我们"已经成为很多公司大规模宣传活动的一部分，通过免费的社交网络渠道培养自己的客户群。

社交移动应用软件至关重要。它们拥有大量的个人信息，可以通过 Facebook、微博、微信兼容的应用软件获得这些数据，这样公司可以制作高度个性化的应用，为每个人提供最适合的回报，最终得以实现广受欢迎的一对一营销关系。例如：一个学生会得到朋友们一同去参加的某个活动的贵宾入场券；某人走过冰激凌店时为他提供一个免费的冰激凌；零售商可以为路过的人不断地提供打折品，以招揽他们进店消费，一旦他们到了店里，根据他们逛的品牌、购买的产品以及 Facebook、微博、微信上显示的喜好，他们还将获得额外的促销，等等。

5. 发散的感觉系统

移动电脑提供了一个社会版的生物中央神经系统，它将神经末梢伸向世界的各个角落，感知正在发生的一切，然后将它报告给"身体"的其他部分。一个神经末梢可以感知到一个事件，在极短的时间内，身体的大脑(也就是"社会")就可以开始评估这个事件，并决定是否采取行动。

最经典的例子是微博。你可能只是世界上拥有手机的 50 亿人之一，但是如果你看到一个罪案正在发生，你敲进 138 个字符，点击一个按键，然后这个微博、Twitter 就会发送给你的几百个朋友。如果你将它发送给《＊＊时报》，记者们可能会质疑你的可信度，但是你的朋友一般不会。几秒内，你这几百个朋友看到这个推特，开始转发，每个都发送给他们的几百个朋友。这样在一瞬间，几百人就变成了几万人。

6. 网络折扣卡

通过手机上派发的数码折扣券将发行成本大大降低。公司不再需要花钱印刷或者购买报纸版面，客户只需下载折扣券到手机上，然后通过收银台的近距离无线通信技术兑换产品。它快捷、简单，而且别人还看不见，因而不会损伤客户的虚荣心。零售商和服务机构保留交易的记录，并且将客户放在不同的目标客户名单里。它们可以为每个人设计特别的商品和报价，并且根据客户不同的品味和购买习惯制作动态、个性化的折扣券。

 **材料阅读**

移动互联网可以满足客户的多元化、个性化的需求，可以使人们随时随地享受自己需要的服务，利用生活中的琐碎时间上网购物、手机搜索、手机游戏、GPS 定位等等，大大的改善人们的生活质量。移动互联网的方便、快捷、高效的特性，使得人们可以放弃对 PC 的依赖，据预测：未来用户两极化：高端用户以手机为碎片时间工具、草根用户的全部网络行为均基于手机，使人们的生活方式彻底的改变，真正地做到"移动改变生活!"。

第二节　企业移动互联应用需求分析及阻力

 任务描述

了解企业移动互联应用的各种需求，阻碍移动互联网技术在企业应用的原因。

 任务分析

只有在了解企业移动互联应用的各种需求，以及阻碍移动互联网技术在企业应用的原因之后，才能更好地解决移动互联应用中遇到的各种问题。

一、 企业移动互联应用需求分析

1. 信息资源整合需求

目前大型企业(包括石油石化、煤炭电力等大型央企)在"十一五"期间基本上都完成了主要业务系统的信息化建设工作，构建了企业核心业务管理系统以及专业子系统，基本满足了各专项业务的信息化管理需求。但大多数企业已有信息化系统由于历史原因基本都是分阶段逐渐建设起来的，多数系统存在缺乏统筹规划、信息资源分散、信息化发展水平不均衡的现象。特别是对于信息资源的综合利用方面，受当时信息化发展进程和环境所限，原有各业务系统数据之间共享程度较低，缺乏信息资源的管理和信息服务机制，造成了诸多"信息孤岛"。随着企业管理水平的提高，企业对企业信息资源整合的需要越来越迫切，许多企业已经开始启动信息资源整合的工作，从而更好地面向企业不同用户提高更加精细、全面、准确的信息。

2. 个性化信息服务需求

以前的企业信息化系统更多考虑的是企业的业务流程，是面向业务的信息服务。比如ERP 是面向企业资源计划管理，侧重财务资金管理。CRM 是面向客户关系管理，OA 则面向企业办公，EAM 则解决设备资产管理问题。一个真实的用户要使用各种分散的信息系统解决不同的业务问题，从而增大了用户获取信息、处理信息的难度。其实在企业中每个人都有相应的工作分工，需要根据每个人工作角色，个性化地去定制"我需要的信息服务"，屏蔽业务系统的概念，打造用户"终端信息服务平台"，而且这个信息服务是"随需应变"，是可灵活定制，是因人而异，个性化的，这个需求已经被现在"先行一步"的个人生活信息互联需求"社交网络"证实。个人信息平台 = 生活娱乐 + 轻松工作。

3. 精细化、优质化服务需求

以前企业构建的信息系统更多考虑的是解决企业面临管理和业务问题，重点解决"流程优化、提高效率、数据准确"的问题，较少考虑不同用户使用系统的操作体验，存在界面复杂、操作不便等问题，导致很多企业高层领导、管理者不愿亲自使用信息系统。归根结底，问题不在用户，而在信息系统提供商的设计理念，没有花更多的精力去考虑用户的感受和体验。而这方面，"苹果"产品（iPhone、iPad 等）相对其他传统厂商取得的巨大成功，是乔布斯对"谁把用户体验做到极致，谁就越成功"设计理念一个很好的佐证。同样，企业移动互联应用面临的是企业领导及管理层等高端用户，"精细化、高端优质服务"是用户的一个切实需求和必然选择。

4. 移动性、快捷性服务需求

企业领导及管理层由于工作需求，经常出差参加公务活动，工作地点并不固定。"智能手机、平板电脑"等时尚信息设备已逐渐得到企业高层用户的认可，成为他们工作、生活的重要工具，特别是便于携带的智能手机，几乎是人人"形影不离"的。目前在这些设备上的应用主要是面向"生活娱乐"的，还缺少工作方面的企业应用，而如何通过"智能手机/平板电脑"等设备移动、便捷地处理企业内部的日常工作，是用户面临的一个实际需求，也是移动互联潜在的一个尚未大规模开发的巨大市场。

5. 主动信息推送服务需求

企业领导及管理层大多工作繁忙，不愿也很少采用"搜索"查询等常规的手段去获取信息。需要信息服务平台提供简洁、灵活的"信息服务个性化定制"功能，用户定制了所需的数据信息后，由信息服务平台根据用户习惯、定时主动地把用户想要的信息推送到用户的终端桌面上，并采用恰当的方式去提醒用户查阅信息，做到"所需即可得"，让管理者对企业运营"了然于心"。

二、 企业移动互联应用的阻力

身边的朋友、公司很多人都有着这样的疑问，移动互联网会在什么时候爆发？或者用爆发这样的词并不适合，问题应该是：什么时候移动互联网会像自来水一样流淌？大家都不会再去讨论移动互联网这样的概念，因为所有公司都是移动互联网公司，所有用户都是移动互联网的受益者，你可以在工作生活的时时刻刻感受到便利，但是普通用户并不需要知道那是移动互联网，技术与概念本身只是服务的一种形式，这时候那些专注移动互联网的服务商也能够从中获取丰厚回报。

终端的性能已经不是问题，我们现在已经普及了内存 1G 以上、CPU 频率超过 1GHz 的移动终端；大多数家庭与公司已经有 WiFi，并且 4G 已经来到我们身边，移动应用现在也大量开发出来，但是，能够为企业提高生产效率、发挥显著作用的应用软件还很少。

终端、网络都不是太大的问题，只要企业需要，企业应用软件也会快速开发出来，不会是问题，在未来它们都能够很快得到显著改善，那么还有什么阻碍移动互联网的普及？首先我们需要来了解"普及"的这个概念。什么叫普及？中国现在有 10 亿手机用户，现在已经有 4 亿或 5 亿以上的用户使用移动互联网，最近几年这方面也取得了很大的进展，从各大 APP 网站的下载量和大众手机上安装的 APP 数量可以看到，这方面的条件也是可以基本满足了。

让用户用得起，当然涉及的就是智能手机价格问题。近年来伴随着谷歌 Android 智能手机操作系统的频繁升级，各个品牌智能手机的配置也在不断提高，产品的升级换代速度明显加快。作为国产手机市场产业上游的芯片供应商如高通、联发科、展讯等不断推出更高速的智能芯片以应对全球市场的需求。这个速度让国内的各大方案公司和集成厂商们应接不暇，为了生存只能跟进国际巨头们的脚步并加快产品的更迭和淘汰。最"杯具"的现状就是智能手机的配置和性能越来越高，但是价格方面却一而再再而三地下调。较之多年来习惯了价格战的 2G 手机行情更是有过之而无不及。我们现在最新的普及型智能手机降至 300 元。

如今手机应用已经覆盖到消费者生活的方方面面，打电话不再需要拨号，用米聊、微信或者 QQ，可以直接语音对讲，而且没有通话费，流量费也非常低。手机社交也不再仅仅用 QQ，人人网、微博等，SNS 应用让社交无处不在。iPhone 应用如水果忍者、会说话的 TOM 猫等，都在很短时间之内聚集起大量的用户群体，成为流行一时的本地化应用。但大部分的应用都集中在个人应用的范围内，企业用户应用少之又少。

什么原因阻碍移动互联网技术在企业的应用呢？可能有下面几个原因。

（1）企业中高层管理者对移动互联网技术不熟悉。

（2）企业应用会改变企业的工作流程，比个人应用难推广。

（3）中小企业资金不足。

（4）企业缺少移动互联网专业人才。

（5）企业没有形成应用规模。

（6）缺少专做企业应用的产业链。

在移动互联网大潮下，很多创新企业都在思考如何通过移动应用加倍提升员工的生产力，同时他们也应用了很多低成本、定制化、易于实施的移动解决方案，并取得很好的成绩。但很多企业还处于不了解的状态，需要一段时间的学习过程，所以当前企业最重要的事情是对企业管理层进行移动互联网的技术培训，使企业管理层能够了解移动互联网技术，然后才谈得上应用。

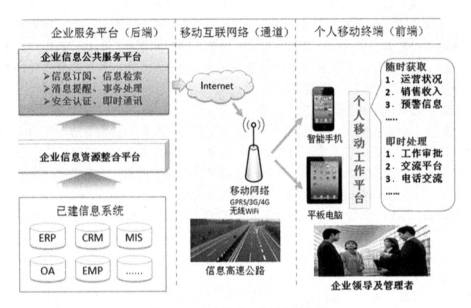

图6-1　企业移动互联网应用模型

材料阅读

　　企业移动互联网应用模型由企业服务平台(后端)＋移动互联网络(通道)＋个人移动终端(前端)三部分构成，见图6-1。其中，企业服务平台是企业信息服务及应用提供者，需要企业从信息利用和服务的角度出发，整合企业所有有价值的信息资源，并按其信息资源分类进行封装，形成企业Web应用库(store)，从而为企业用户提供信息服务。移动互联网络是信息通道，随着3G/4G移动网络技术应用，网络带宽已经能够满足企业级应用的需求，(3G：2Mbit/s；4G：[TD-LTE]100Mbit/s)，路已修好，就看跑什么车了。而个人移动终端是企业信息服务的消费者，企业用户能够通过各种智能手机(iPhone 4、Android机型)、平板电脑(iPad)等，在保证用户信息安全的前提下，快捷地访问企业的各种应用(APP、Web)，获取所需的信息，并通过即时通信、电话等方式处理企业相关业务，使个人移动终端真正成为贴身的移动工作平台。

第三节　企业移动互联网系统的实现策略

任务描述

　　了解企业营销现状，掌握移动互联网时代的网络营销策略、移动信息系统逐渐演进的改造方式。

任务分析

  企业移动互联网技术应用的引入要采用渐进的演进方式，要根据企业的实际情况量力而行，从最初的小规模小范围内的小系统应用试验到专项系统的应用，必须结合企业管理人员及员工的移动互联网技术基础来引入系统，在积累经验后再进行升级和扩大应用范围。

一、 企业营销现状

  移动互联网影响席卷全世界，对人们的生活将会产生深刻地影响，也将极大的影响到传统企业的经营方式。企业无论从营销方式，还是生产管理与信息管理方式将会受到极大的影响，其影响将会是革命性的，与工业革命对旧企业的影响可以相比拟。目前大部分企业的营销方式处于传统的方式，未来营销将会走向网络营销方式，网络销售将是以后企业销售产品的主要方式，这种趋势已经得到大部分的企业家的认可。很多企业也都进行了网络营销的尝试，但由于企业对网络营销知识不足，都以失败告终。除了电商之外，很多企业主对网络销售方式都比较陌生，最多的知识是从各种媒体上听到的各种网络营销神话，所以大部分企业进行网络营销的尝试大都选择在公司中成立专门的网络营销部门，在网络上开网店，请来专门的网络销售人员，做促销，投广告，但大部分后来发现，投入很多人力和资金，但网店生意好难做。下面以一个传统的服装生产企业为例来说明这个问题。

  例如一个传统的服装生产企业，它具有中等品牌，拥有五十多家自营小连锁店有二十多家加盟连锁店，同时也向批发商批发品牌服装。它的营销方式还处于传统的销售方式，主要以开连锁店、加盟连锁店和代理为主。

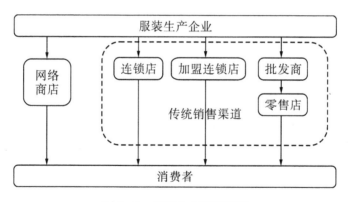

图 6 - 2   服装企业营销渠道

  两年前这个企业开始尝试网络销售，招聘了几名网络销售专业人员，成立网络营销机构，在网络上开网店进行网络营销，见图 6 - 2。两年过去了，由于业绩很差，投入过大，最近解散了网络销售机构，关闭了网店。这个现象具有普遍性，很多企业看清了以后的网络营销发展方向，也提前投入资金和人才做网络营销的尝试，但很多最后以失败告终。我们从这家企业的网络营销失败中来分析总结其问题所在。

1. 网络营销与传统营销渠道出现难以处理的矛盾

传统的营销渠道是企业当前的主营方式，是企业的主要利润来源，所以企业的一切工作都不能够影响到当前的利润来源，所以企业可以投资建立网络商店，但是如果网店营销方式影响到当前的营销渠道时，企业是无法承受的。我们知道网络营销靠低价和高性价比来得到消费者的认可，网络营销都会进行各种促销活动，而这些促销活动最主要的措施是低价销售，过低的价格必然影响到传统营销渠道，一是传统营销不准许，二是即使准许也会影响到传统渠道的产品销售。所以企业网店的促销活动与单纯的网店比没有任何优势，最终只能促销过时的或库存商品，即使是网络营销的高手或企业愿意烧钱，也难以开展企业网店的业务。

2. 网络营销投入过大

企业开网店的初期，为吸引顾客，必然要进行促销，同时也要投入各种广告，在当前网络营销的环境下，吸引顾客的成本是很大的，它比线下吸引已有的客户群体的成本大得多，从这家企业的二年网络商店的运营来看，吸引一位到网店选购的消费者的成本一百元左右，远远高于线下的成本，而且吸引到的客户群体与企业目标客户群不同。企业运营网络商店的成本包括机构人员的工资、网络营销各种工具系统开发、促销费用、广告费用等，投入相当大，而网络营销在当前很难能为企业带来利润，在当前的经济形势下，企业的利润率本来相当低，企业不断投入网络营销的尝试将会给企业带来相当大的压力，所以很多企业在没有充分了解网络营销的情况下尝试网络营销，很可能是以投入过大难以承受而失败。

3. 吸引的客户群体不是企业需要的客户群

每个企业都有自己的品牌和忠诚于自己品牌的客户群，新的客户开发以传统的门店销售来进行，只要走进连锁店客户，对企业品牌或产品都是有一定兴趣的优良客户群。而对于网络营销，网店开始促销所吸引到的客户往往是消费能力较低的客户，这些客户中企业需要的目标客户占比相对于进入门店的客户低得多。同时由于受到传统营销渠道的限制，网店上销售的产品往往与线下门店的产品不同，大多是过时或库存积压产品，所以客户中企业所需要的目标客户更少，这跟企业开网店吸引企业目标客户的本意相差太远，这个原因也是很多企业关闭网络商店的原因之一。

4. 无法形成线下逐渐过渡到线上的方法

企业进行网络营销的目的是为了以后整个企业的营销向未来的网络营销过渡，从目前大多数企业的网络商店运营来看，大部分企业的网店的客户群体与传统渠道的客户群体不相同，产品也不相同，而企业要的客户群是目前传统渠道的客户群，不是当前网络商店的客户群，在这种情况下传统营销渠道的客户群是很难转移到网络上来的；加上由于在企业内部，两个机构是独立分营的，各种营销方式相差太远，也难以相互协调并逐步合并，所以很多企业找不到适合企业的过渡方法。

在移动互联网时代，传统企业的营销向网络营销过渡是大势所趋，企业首先须需学习网络营销的知识，了解移动互联网环境下企业营销的各种技术与策略，制定企业网络营销的策略，找到适合企业的过渡方案，制定实施的计划，然后按计划逐步实施网络营销尝试，避免盲目的尝试。

二、 移动互联网时代的网络营销策略

移动互联网时代网络营销与传统的营销在实施过程中有很大的不同，两种销售方式如何相互融合更是一个难题，企业非常熟悉传统的营销方式，但以传统的营销方式去做网络营销是行不通的，电商的网络营销方式是较为单纯的网络营销方式，它没有传统企业原有营销渠道的制约，所以电商所采取的网络营销方法对很多企业来说是行不通的。企业的情况差异性很大，营销理念各不相同，如何制定适合企业自己的过渡方案将是企业进行网络营销首要事情。企业如何从传统的营销模式过渡到网络营销模式？我们先从两种营销模式的差别来分析，两种营销模式最主要的差别之一是管理对象的不同，见图6-3。

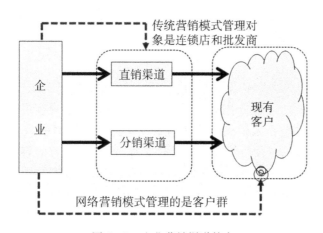

图6-3　企业营销渠道特点

企业传统营销模式管理的主要对象是连锁门店、代理商和批发商，与企业产品直接消费者的接触很少；在网络营销模式下企业管理的对象将会逐渐变成对直接消费者的管理，即直接管理企业的客户群，在以后网络营销模式成为企业主要营销模式时，分销渠道将会逐渐消失，而企业的门店也将会变成企业产品体验店，所以企业能不能从传统的营销模式过渡到网络营销模式，最重要的一点是能否从目前对连锁门店、代理商和批发商管理模式过渡到对直接客户群的管理，也即是企业能否把现在的客户群管理起来，并引导客户群逐渐从门店的购买转移到网络上来购买企业的产品。

对企业来说，最重要的客户群是当前企业的客户群，也即是已经购买了企业产品的客户，企业的客户群中有部分习惯门店的购买方式，但也有一部分开始习惯网络购物，企业最重要的事情是吸引这部分已经习惯网络购物的客户，引导它们进入企业的网店购物，保住这部分客户不流失，然后才是考虑吸引其他网络上的客户。如果按流行的方式独立于传统渠道之外进行网络营销，其营销对象将会是广大的网购者，与企业客户群重叠度极小，基本是另外的客户群，这样的客户不了解企业品牌，吸引进店的成本高，同时这些客户不是企业最重要的客户，所以独立于传统营销渠道之外开网店并不能实现企业向网络营销的过渡。网络营销应该与传统营销有机地结合在一起才能完成营销模式的过渡方案，见图6-4。

基于企业现有的营销渠道上建立客户管理机制，对现有的客户进行管理是一种较好的

移动互联网技术应用基础

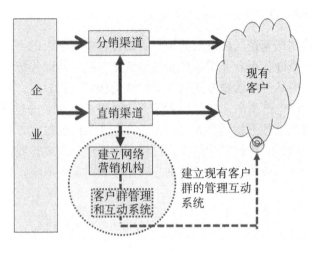

图 6-4 企业营销渠道特点

过渡方案。企业对现有的营销渠道进行网络营销技术培训，建立客户管理机制和客户群管理互动系统，让现有的营销渠道具备管理客户群的能力，同时引入会员优惠、促销等措施，利用企业 APP、微信、微博等移动互联网技术手段吸引现有的客户加入企业的移动互联网客户管理系统，逐步实现对企业客户群的管理。例如可以实行安装 APP 和注册企业会员的客户优惠；建立二维码系统引导客户安装企业的 APP；制作电子杂志，利用移动客户群管理系统对客户群进行分析，针对性地对客户推送等。总之就是通过对现有的营销渠道进行改造，使它具备移动互联网客户管理能力，建立客户群管理系统，把网络上的促销活动转移到现有的销售渠道上来进行，目的是让传统营销渠道能够具备管理客户群的能力。这样促销容易从网络上迁移到现有的营销渠道，一方面可以吸引客户加入公司客户群管理系统，另一方面可以促进现有渠道的销售，同时由于门店等线下吸引客户的成本较低，同时目标客户比率高，所以比在网店上做促销所发挥的作用更大，同时也可以实现未来向网络营销进行过渡的目标。

在企业尝试现有营销渠道改造初期，主要目的是实现客户群的管理，同时也可尝试利用客户群进行网络推广，把客户当做企业的营销者来进行营销。在企业的客户群中实施转发或评价企业产品可以有优惠、推荐新客户有优惠等网络促销方法，利用口碑营销和病毒营销进行产品推广，由于这些客户对企业产品有一定的认识，对企业有一定的品牌忠诚度，所以推广引来的客户比网络上促销引来的客户更有价值。同时由于这部分的客户群具有较高的网络购物能力，所以可以引导这部分客户在企业的网店上进行交易，并提供一定的优惠，这样可以促进网店交易额的增加。对于网店的管理，定位成为企业客户群的网络交易平台，减少或干脆不进行网络促销和广告，把费用投入到上述的现在营销渠道中去，见图 6-5。

总之，这个步骤就是培训现有营销渠道，使其具备移动互联网营销的基本能力，建立企业网络客户群管理系统，把以前在网络上的促销和广告的费用移动到现有的营销渠道上来，实现对企业现有客户的管理，并利用客户群进行网络营销的尝试，减少或不进行大众网上的营销，把网店定位成现有企业客户群的网络交易平台，随着企业客户群的增大和社

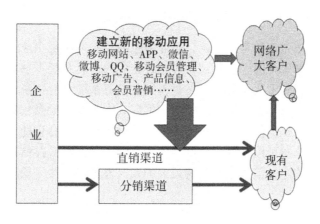

图6-5 企业营销渠道改造初期

会上网购的逐渐普及，企业客户群中会有更多的客户在企业网店上进行交易，这样企业网店上的交易规模也会不断增加。用一句中国的俗语来描述，这种方式可以叫做"吃着碗里的，看着锅里的"，即是先把企业自己的客户管理起来，再到互联网上拉别人的客户。

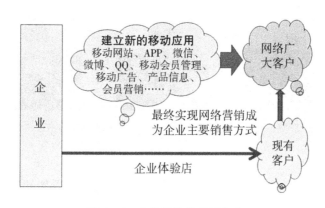

图6-6 企业最终的营销方式

随着企业的对客户管理不断加强，企业的网络上客户群将会逐渐壮大，加上企业可使用更多的优惠手段来促使更多的客户在企业的网络商店上进行交易，企业的网店交易额会不断增加。同时由于客户是企业的现有客户，线上线下的客户基本相同，重叠度高，网店的交易额也会较为稳定，稳定的交易额上升对企业来说是十分宝贵的。当企业网络商店的交易额达到较高的值时，在各种交易平台上的排名进入靠前的位置，企业网店吸引大众客户的能力也增强了，在这种情况下可以考虑进行大规模网上的促销，这时的促销和广告所带来的效果会较为明显，吸引大众客户更为容易。这个阶段将是企业实现网络销售的最佳阶段，同时经过了前段的技术积累，企业也具备了网络营销的经验和积累了网络营销的人才，这时进行企业营销重点的转移是具有坚实的基础的，在这个基础上进行传统营销向网络营销过渡对企业来说较为平稳。最终实现连锁门店变为体验店，实现线上线下同价同产品，取消代理批发商，实现企业向网络营销过渡，见图6-6。苏宁这样的大企业都可以在较短的时间内实现传统营销到网络营销的过渡，其经验是可以供其他的企业进行借鉴的。

三、 移动互联网时代移动信息系统的组建

企业的信息系统是企业的神经系统，企业信息的及时传递是企业生产效率提高的重要保证，对于中小企业来说，由于企业规模较小，企业的信息系统不够完善，这会影响到企业整体管理水平提升；对于大企业，虽然具备完善信息系统，但信息流动慢，也会影响到企业的整体运作效率。利用移动互联网技术，可以为中小企业提供较为低廉的即时信息应用系统，也能为大企业提供信息快速流动的辅助信息系统，提高企业的信息流速度。从上面移动互联网技术的介绍可以看到，移动邮箱、移动云计算和云存储是企业信息系统的利器，利用这些技术所构建的信息系统具有最好的及时性和经济性，见图6-7。

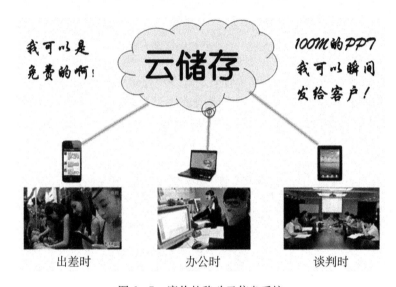

图6-7　廉价的移动云信息系统

企业不比个人用户更换智能手机那么容易，可以一切推倒重新开始，企业的信息系统管理着企业的日常运营的全过程，其改变是比较难的，需要一定的过程，最好是能够逐渐演进，否则会使企业陷入混乱的状态，所以很多企业难以下决心进行信息系统的更换，一是考虑投入问题，二是考虑对企业生产运营的影响。更多企业能接受的方式是逐渐演进的改造方式，移动互联网信息系统的引入可以考虑采用这种企业容易接受的演进式方案。

利用企业云或私人云构建企业相对独立的即时信息系统是一个较好的方法，移动云应用提供了信息的即时收发功能，能够在任何地点、任何地方实现信息的收发功能，见图6-8。云应用可以把大量信息从云存储中直接分享或发送给任何需要的人，同时只损耗很小的数据流量，移动云应用的终端可以是智能手机、PAD或电脑，灵活方便，私人云存储更提供免费且稳定的服务，如360云盘提供超过38T容量的云盘，足够大的容量可以提供大量的信息存储。根据企业的需求，按一定的组合规律设置企业个人、小团队、大团队和公司级的云盘，设计好信息的存放和云盘的管理规则，可以构建企业独立的即时信息系统，使企业的信息能够在任何地方任何时间收发，这个独立信息系统可以作为企业OA的补充。

在独立的企业移动云信息系统的基础上，引入移动邮箱，使企业的邮件能够及时到达

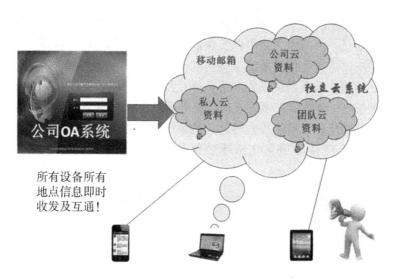

图6-8　独立的移动云信息系统

智能手机终端，同时把 OA 上及时性要求较高的信息连接到移动云信息系统上，比如邮件、企业产品信息、合同信息等，这样可以用很少的投入构建即时性很高的信息系统，不需要进行系统研发，企业组建系统快，同时都采用公众的移动邮箱软件和云应用软件，员工熟悉快，见图6-9。但系统由多个公共软件构成，较为分散，需要加强员工的使用培训。

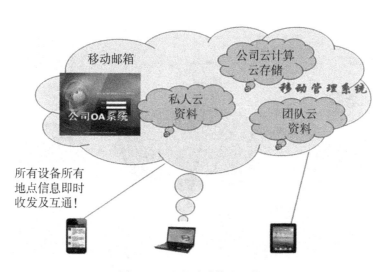

图6-9　企业移动信息系统

移动云应用信息系统可以用智能手机接入，克服了 OA 信息系统只能由电脑接入的缺点，扩大了员工的使用范围。企业只有部分的员工配置了电脑，而大部分员工特别是一线的员工没有配置电脑，所以 OA 信息难以到达，移动信息系统的引入，使全员工信息化管理成为可能。由于智能手机终端操作方便，所有一线员工都能在很短时间内学会使用，所以 OA 上部分信息可以通过这个独立的信息系统到达以前 OA 不能覆盖到的员工，大大提高了企业的信息化程度。

独立移动云信息系统的引入，可以使企业员工逐渐熟悉移动信息系统，积累移动信息系统的使用经验。随着企业信息系统应用的广泛，企业对移动信息系统的需求也会逐步增加，在企业独立的移动信息系统不能满足企业对移动信息需求的情况下，可以考虑组建移动 OA 系统，使企业所有的信息流进入移动信息系统，这时由于企业的所有员工都积累了移动信息系统的使用经验，所以更改移动信息系统对企业造成的影响较小，容易实现系统的更改，最终实现企业移动信息化系统的普及，实现信息的高效流动及全员的信息化管理。

四、 移动互联网时代提高效率的应用系统的组建

随着移动互联网技术的普及，网络营销形式将会成为各企业的主要营销模式。网络营销所要求的高性价比将是以后企业最重要的竞争点，所有企业都会面临着降低成本、提高企业生产效率的课题，移动互联网技术为企业提高生产效率提供了可能，各种构建于移动互联网技术的行业应用系统可以为企业节省大量的人力，实现真正的全企业自动化管理。

互联网在过去的十年为企业提供了很多信息化的管理系统和生产系统，但由于互联网的终端是电脑，使用需要一定的计算机基础，同时携带的不方便和电池续航能力差制约了其使用的范围，所以企业中只能部分员工使用，广大的一线员工不在其使用范围之内。真正的全员信息化管理在互联网时代的企业是难以实现的，见图 6-10。

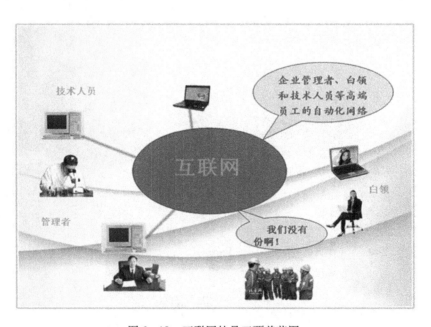

图 6-10　互联网的员工覆盖范围

移动互联网最根本的改变是接入终端从电脑扩充到智能手机，智能手机可以看作一个操作简单的电脑，加上智能手机的电池续航能力和 24 小时的随身，使互联网的作用得到极大的扩展：一是使用范围的扩大，从企业的管理层扩展到全体员工；二是从办公室及有限的室外使用扩展到任何地点任何时间，把互联网的有限范围内的自动化扩展到企业全体

图 6-11　移动互联网的员工覆盖范围

图 6-12　智能手机操作系统

员工自动化，为企业的全自动化管理提供了可能性，如图 6-11。

电脑终端由于其使用的复杂性，必须懂得电脑复杂操作系统的员工才能够使用，一线员工很难做到这一点，同时企业购买电脑的投入也较大，使用时间和地点也受到限制。智能手机因其简单的操作系统，不懂电脑操作系统的工人也能够使用，同时从网络上的统计数据得出一个有趣的结论：学历较低的蓝领阶层比企业管理层使用智能手机的能力更强，当然不是由于企业管理层不会用，而是由于他们太忙而没时间去熟悉智能手机，但这个结论足以说明移动互联网自动化系统在企业全面应用已具备了基础，见图 6-12。

企业的生产效率决定于企业流程的效率，在企业流程再造过程中可以引入移动互联网行业应用技术，它可以为企业提供生产流程中各个环节的自动化管理，提高企业的生产效率。这些自动化的管理系统可以为企业节省大量的人力资源，在当前人力成本不断上升的环境下将可以为企业带来运营成本的减少，从而提高企业的竞争力。移动互联网技术应用主要有下面几种（见表6-1），利用这些技术可以构建各类企业的生产管理系统，实现自动化的生产管理。

表6-1 移动互联网技术企业应用表

移动定位与地图技术	位置信息的应用系统（比如客户地理分布、生产车辆管理、外勤人员管理、线路巡查、安全监控、应急调度等）
手机二维码技术	网址标识、个人名片、固定资产管理、数据防伪、商品溯源、资格凭证、企业营销等
云计算与云存储	企业信息系统组建与个人信息应用
移动 APP	企业自动化管理
邮件业务	企业自动化信息管理
移动 SNS	企业自动化管理

移动互联网技术应用系统在企业中的应用范围十分广泛，在市场方面，可以利用这些技术构建客户群的管理，使企业从传统的营销走向网络营销；可以构建营销系统内部高效管理系统，对企业的市场动作进行自动化管理；可以根据企业内部生产流程的需求，构建各种生产自动化管理系统，提高企业的生产效率；可以构建企业的资产管理系统，使企业的资产利用率提高，节省企业成本。企业移动互联网技术应用的引入要采用渐进的演进方式，不可能一步到位，要根据企业的实际情况量力而行，不能求之过急。引入系统时要重视员工的技术培训，让员工在具备移动互联网技术基础的前提下使用这些自动化管理系统，企业的移动互联网建设建议在上面的章节中已经有详细的描述，这里不再重复。下面我们从外勤人员管理系统、企业资产管理系统和企业全业务自动管理系统等行业应用例子来分析其应用为企业带来的巨大影响，为大家以后的移动应用提供借鉴。

（一）外勤人员管理系统

当前由于经济的快速发展，企业人员在办公室内部办公越来越少，很多企业都有很多的员工外出做事，企业对这部分外勤人员的管理是一个难题，生产效率也相对于办公室内的人员要低。比如物业管理公司的保安，由于管理难度大，保安的巡逻工作一直是个难题，很多保安人员存在偷懒的情况，工作效率低，关键的巡查点没有巡查，存在安全隐患，很多物业公司设置了层层管理，但效果还是不明显。同时由于管理工作量大，所以管理人员也随着上升，管理成本高且管理效果不佳。如果应用移动互联网技术，可以开发出保安人员的管理系统，在每个保安人员的智能手机上安装一个 APP 软件，系统每天自动推送任务信息，并自动完成保安巡逻线路及安全检查点到位情况统计，自动为不到位员工发送工作提醒，这样每一个保安人员将能在系统的自动管理下进行工作，并可以加入全自动考核模块，完成员工工作自动考核。这种系统的运用，可以大大节省物业公司的管理人力，同时对所有保安人员的工作状况有全面的了解，做到比人员管理更为公平的考核，提高全体员工的积极性，达到企业降低成本、提高工作质量的作用，见图6-13。

我知道他们在哪里!
我知道他们在干什么!

再也没得混了!

外勤人员随时获得信息和指令

图 6 - 13　移动互联网技术构建的外勤人员管理系统

外勤管理系统以移动定位、地图技术和移动 APP 作为系统的基础,同时还可应用移动云计算、云存储和手机二维码等移动互联网技术来构建,它可以提供员工考勤、员工的移动轨迹、员工工作任务的即时传递、员工工作进度的上报、员工资料的查询和全自动的员工 KPI 考核。同时由于具备员工的位置信息,还可以为外出员工提供紧急求救等功能。它在企业中的应用十分广泛,可以用于外出市场人员管理、线路巡查人员管理、外出车辆管理等,引入云计算云存储,企业可以不用购置服务器就能快速部署,同时对智能手机终端的要求不高,数据流量也小,只需为每个员工开通最低的手机数据套餐,企业投入少,成本节省效果明显。

(二)企业资产管理系统

据统计,一般企业固定资产占企业有形资产总额的40%～60%,目前在企业中出现固定资产管理松散混乱、缺乏制衡,造成现有固定资产流失、运行效率低下等局面,从而间接增加企业运营成本。如果不加强企业固定资产管理,将削弱企业竞争实力与企业发展后劲。特别是中小企业由于自身管理制度不完善、经济实力不强、管理者自身素质等原因,在企业内部固定资产投资和管理的过程中很容易出现一些问题。

企业固定资产预算容易流于形式,对固定资产的购置或处置随意性比较大。固定资产会计信息不真实、不完整,一些事业单位对购置、调入形成的固定资产入账不及时,对报废、处置的固定资产不及时调账,造成了会计信息失真,会计信息不能如实反映本单位的固定资产增减变化及各时点的财务状况,使得财务人员、单位负责人对本单位的资产家底不清,进而导致管理混乱。

固定资产的录入标准不统一,入账会计对软件的熟悉程度还有待进一步提高。由于下属单位比较多,各个下属机构会计对软件的理解不同,导致归类不统一,例如对于电脑的归类,有些归入微型计算机,有些归入台式机;还有对于厨房用品、一些小物品,可能无法在清查软件中找到合适的归类,从而出现了任意归类。

固定资产管理制度不健全。很多中小企业往往重采购、轻管理,或极易走到“重人力、财力管理,轻物力管理”的错误倾向。固定资产管理人员往往配备不足。

利用移动互联网的手机二维码技术可以构建完善的企业资产管理系统，克服企业资产管理的难题。二维码比条形码包含更多的信息量，可以存储更完整的资产信息，同时引入手机二维码的扫描功能，不需要专门的扫描设备，利用智能手机就可以完成资产的录入，基于这些技术构建的资产管理系统，可以为资产管理带来很多便利。

利用移动互联网技术构建的资产管理系统可以提供包括资产二维码标识功能、资产管理功能、资产地图位置和资产巡查管理等功能，同时可以提供智能手机二维码的APP应用软件，利用智能手机进行资产管理。智能手机APP提供了利用智能手机终端录入资产、资产巡查任务接收、资产的查询和资产位置等功能。利用这个系统，企业可以很方便地利用所有员工完成资产的清查任务，同时资产的信息管理可以做到包括位置信息在内的详细信息，为资产的调用及维护保养提供方便，见图6-14。

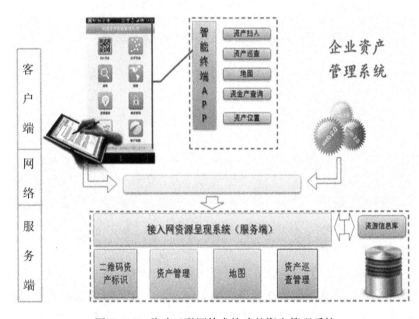

图6-14　移动互联网技术构建的资产管理系统

（三）企业全业务移动管理系统

企业移动应用需求无处不在，无论是企业环境层、企业经营层、内部控制层还是战略决策层，这些层都有移动应用的需求，在操作层面是碎片化的，但是规划方面是整体的。利用移动互联网技术，最终可以构建企业全业务自动化管理系统，包括企业的市场营销管理系统、信息管理系统、生产应用系统和员工全业务操作终端等，最大化利用移动互联网技术，可以大大地提高企业的管理和生产效率，降低企业的生产成本，提高企业的运营水平，从而达到提高企业竞争力的作用。同时移动互联网技术构建的系统真正达到全员工管理，实现全员工的自动化管理将极大地提高企业的管理水平。企业的移动应用是一个循序渐进的过程，从最初的小规模小范围内的小系统应用试验到专项系统的应用，需要结合企业管理人员及员工的移动互联网技术基础来引入系统，在积累经验后再进行升级和扩大应用范围。顺丰快递公司是最早引入移动互联网技术组建管理系统的公司之一，它是顺丰能快速发展的重要原因。

近年来我国速运行业发展迅猛,顺丰速运公司不到 20 年的发展俨然成为我国速运行业的一朵奇葩。任何一家成功的企业背后都拥有一整套合理的管理系统和管理制度,顺丰亦然。顺丰集团投入大量资金购置 IT 相关设备(大型网络服务器、数据终端、营运车辆 GPS 导航监控系统),以及聘请 IBM 等专业 IT 咨询公司对公司核心信息系统进行开发和升级,组织了一个完善的移动互联网全业务管理系统,目前已经实现对快件从下单、收件、入库、装车、中转、分拨、派件全程的信息监控。通过核心业务系统间的数据同步传输,实现了对车辆行驶路线、运行状态、时速等状况进行定位,对于不符合安全的操作或偏离运行路线的状况,系统通过定位系统及时预警提醒相关人员,确保快件和车辆运行安全;通过对车辆运行利用率的监控实现了对全网络地区间运力的适时调配;实现了客户下单到收派任务运作的全程自动化;客户可登录公司网站进行适时查询所寄快件目前已到达的地区和状态。不仅如此,升级后的核心业务系统还具备了海外网络拓展的需要,实现系统不同语言、货币、时差、计算方式、快件路由的自动切换,具有较强的适应复杂业务模式和运作模式的能力。公司最新核心业务系统可实现与航空货代、干线运输、专机运输、海关、气象部门等外协商和政府数据信息系统的自动对接,适时进行数据交换,不仅提高了运营效率、降低了运营成本,而且能根据气象、航班信息,适时调整运输方式,确保快件安全、快速运转。

顺丰员工的全业务终端为员工提供了一个全自动的工作平台,外勤人员利用手上的移动智能终端设备就能够完成所有的工作任务,包括所需要的信息查询和相应的帮助。同时全业务移动终端设备还提供了自动员工 KPI 考核体系,为员工提供公平的考核,克服了中国式的人情管理,见图 6 - 15。

图 6 - 15　企业全业务移动管理系统

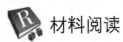 材料阅读

移动互联网通用的新营销方式

1. 移动搜索

企业有可能将慢慢淡出传统 PC 端搜索引擎营销，更加注重移动搜索引擎广告销售。因为，随着移动互联网使用的人数越来越多，移动互联网覆盖范围和影响力将比传统互联网更加深远广泛，移动营销也更能准确定位营销客户群体。

移动搜索引擎作为移动互联网上非常重要的入口，它将会像传统搜索引擎一样，拥有常规排名和付费排名，这让企业觉得移动搜索广告显得尤为重要。假如你的移动搜索引擎常规排名没有在第一页，那你有两种方式可以在移动搜索端进行营销：第一，做移动端的 SEO 排名，让相关关键词排名上升至第一位；第二，购买移动搜索广告，当用户搜索特定的词时，可以在搜索首页展示出相关联系方式、链接以及店面地图，你还可以根据需要，指定特定的人群或者地区显示你的信息。

2. 移动广告

传统广告基本上是结合各网站进行，而移动广告投放形式则更加丰富，可以在网站上显示，也可以在 appstore 做应用程序推广，还可以在 APP 中带 banner 等各种可以展现的广告，它具有传播速度快、覆盖面广、费用低等特性。

3. 品牌 APP

APP 应用是移动互联网终端的一大特色，在移动互联网终端，APP 使用频率非常高。所以，不管你是游戏运营商还是商城网站，或是生活服务商，都在开发属于自己品牌的 APP 服务，因此我们现在手机上的 APP 应用非常丰富。而且品牌 APP 开发与应用推广，可以让人们主动使用并卷入到移动互动营销中，这样可以让营销更具主动性。

4. 微博营销

微博将是有效的网络营销工具，微博的运营商可以与企业共同策划，以企业微博、代言人微博、用户微博为载体，针对新产品、新品牌等进行主动的网络营销；微博将是植入式广告的最好载体之一，微博营销可以在趣味话题、图片和视频中植入广告；微博是一种按照读者喜好定制的活媒体，将是企业和媒体人十分热衷使用的客户满意度测试工具，往往能将微博中热议的话题上升为各大媒体争相讨论的热点话题；微博也是重要事件的最好的新闻发布现场。

微博给网民尤其是手机网民提供了一个信息快速发布、传递的渠道。建立一个微博平台上的事件营销环境，能够快速吸引关注，这对于企业的公共关系维护、话题营销开展，能起到如虎添翼的作用。微博是品牌营销的有力武器，每一个微博后面，都是一个消费者，一个用户。越是只言片语，越是最真实的用户体验。

5. 微信营销

微信的六大商业模式如下所示。

(1) 订阅的模式——高质量的资讯需求。

微信上的信息以订阅模式呈现，就意味着它的资讯与微博不一样。"订阅"这个动作，意味着用户希望在这里获得比自己更专业、更全面的视角、观点，原始事实要经过整合再输出。微博上的资讯是争取共鸣、披露真实，而微信上是给人以观点、想法。

（2）推送的模式——让用户量更有价值。

推送模式，让微信公众账号的订阅用户更具价值。微信的内容形式有文字、语音、带链接的图文信息，还有"第三方应用消息"，把自己账户的用户量做起来后，推活动、推网站、推内容、推 APP 都非常有效，毕竟是强制推送的。

此外，我们还可以从推送模式中看到"广告价值"。不像微博，广告发布后，客户还要看转发量、评论量，微信的强制推送，到达率接近 100%（除了由于手机微信版本问题而无法接收外）。微信上的广告信息价格，可以以头条和非头条（微信多条图文信息的版式）来划分。

（3）语音信息的载体——电台的互动模式。

语音信息，是微信上特别强大的一个信息呈现功能。虽然声音信息简化了短时沟通的方式，随便拿起手机就能说一两句，但这似乎更适用于日常的对话。

而对于未认证的公众账号，每天的群发消息仅有一条，如果要发布语音消息的话，一定是 20 秒以上的，而且信息量很大，用词不一定口语化，人"听"的理解能力远低于"看"的理解能力，因此声音的阅读难度远高于文字图片。

语音消息很适合用来做互动，就如电台模式，亲切直接，一问多答。另外，微信的语音功能，对于电台媒体来说，是一个精彩片段重温的绝好平台。

（4）二维码——既公开又私密。

二维码的价值在于线下与线上联动，扫一扫线下宣传物料上的二维码，就关注了线上的微信账号。活动只办一次，积累的人气可以通过微信实现延续。实用上跟微博的功能有相似之处，但二维码是一种既隐秘又公开的信息传递，而且在物料上占地面积大，能激发人们的好奇而去关注。这其实是为许多传统商家实现线上营销线下销售提供了绝佳的机会。比如，一些本地化的影院就非常适合通过微信推送最新的影片信息和折扣信息，以及提供在线客服，从而实现与每一个订阅用户的亲密互动，创造销售机会。

（5）自动回复设置——创意施展的空间。

自动回复设置可以大量减少人力，也可以很有趣，给微信平台带来了创意施展的空间；并可优化用户体验，达成内容沉淀。

①不是所有资讯都适合强制推送，当要发布的消息不是大众喜好的时候，可以设置"特定字词"，让用户自行获取消息。

②为让消息不至于一刷而过，用户仍可以通过回复"特定字词"来重温。

③自动回复的设置，若加入创意，就是一次活动，如联想微信的活动"让想哥说出我爱你"。

（6）CRM 工具。

与微博不同，微信是一种非常强大的 CRM 工具。以前我们的 CRM 工具以 E - mail、短信、人工 call center 为主，而现在则增加了微信。从某种意义上来说，微信甚至可以把前三种工具都替代掉。微信的富媒体属性，可以让它变身成为 E – mail、短信、call center 的任何一种形态。你可以发一条纯文字信息给用户，也可以发一篇带有照片和链接的文章给用户，当然你也可以直接发语音和视频，所有都取决于你的需要。除了"发送"以外，你还可以随时得到用户的反馈。

品牌还可以利用微信进行客服，这在以前多数是通过 call center 来完成的，那真是噩梦一样的体验，首先用户要祈祷自己的电话能打得进去，其次要忍受很长一段时间的自动回复（类似"国内机票请按 1，国际机票请按 2"），然后还要忍受一些说不清楚话的接线员。而利用微信，一切会很方便，你不用等待什么，直接发文字或者语音给品牌的官方微信，用摄像头把发票、保修单、破损的商品拍照下来，发送过去，然后等着官方微信的回复就 OK 了。

微信公众平台还具备了对用户进行分组功能，你完全可以对订阅用户进行分组，这与 CRM 工具对客户的分类整理功能也是相似的。

6. 创意营销

LBS（基于地理位置的服务）在移动互联网中名气越来越响，地理位置服务是一个非常有创意的服务，真正可以做到精准化营销。比如你需要买花，在移动客户端进行搜索，然后展示周边的花店，通过对比之后做出选择，并自动获取你当前的收货地址，确认之后进行移动支付，然后花店可以在很短的时间内完成配送。这是一个完整购物配送流程，如果你想要你的店面显示到搜索结果里面，很有可能需要购买展现的广告，或者按每笔抽成。

7. 移动营销之跨界整合

事实上，移动互联网的营销不能仅仅局限于移动本身，由于移动终端本身具有跨媒介的特质，因此移动互联网和其他媒体的整合，可以结合不同媒体的优势从而使其产生交互，实现更大的营销价值。让广告对驱动消费者的决策和购买行为的影响力加强，让广告更精准和实效。人人公司旗下的团购网站糯米网在其一周年庆典上宣布，与分众传媒合作推出互动广告及 LBS（基于地理位置信息）团购，根据糯米网披露的信息，糯米网将在分众传媒的楼宇广告上进行广告投放，在广告形式上和以前不同是互动广告，这些广告来自写字楼的周边商户，消费者看到广告后，可以用手机感应，获得广告所涉及的产品的详细信息，然后根据需求下载优惠券或通过手机支付直接购买糯米券，最终到商家完成最终消费。移动互联网就像是胶水将户外、手机和网络联系在了一起。

第四节　企业移动互联网技术积累

 ## 任务描述

了解企业移动互联网技术积累的过程，熟悉不同企业技术积累人员的知识要求。

 ## 任务分析

企业的移动互联网技术应用必须有一个积累过程。由于企业的情况千差万别，每一个企业都不可能一步到位，一下子就达到全面的技术应用，需要不断进行技术应用尝试，找到适合本企业的最优应用。

一、 企业移动互联网技术积累的过程

移动互联网技术在企业的应用才刚刚开始，大部分企业还对其十分陌生，管理层对移动互联网技术应用的不熟悉将无法完成企业移动互联网应用的规划，缺乏规划的应用得不到好的效果，有可能以失败告终，损失了人力和财力。更重要的是对移动互联网技术，企业应用失去了方向和热情，使企业在快速的技术变革时期失去了最好的机会。企业的移动互联网技术应用必须有一个积累过程，由于企业的情况千差万别，每一个企业都不可能一步到位，一下子就达到全面的技术应用，需要不断进行技术应用尝试，找到适合本企业的最优应用，这个过程长短因企业的情况而异。新技术的应用有一定的规律性，一般要经过下面几个过程，见图6-16。

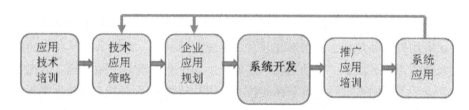

图6-16 企业技术积累过程

首先企业在进行移动互联网技术应用前应进行管理层和主要技术人员的移动互联网技术培训，使制定企业技术应用策略的人员充分了解当前移动互联网技术企业应用的情况及相关的应用技术，这个阶段完成企业核心人员的移动互联技术基础积累。在这个基础上再制定企业的技术应用策略，制定时应对本企业的应用环境进行充分的分析，可请相关技术应用专家提供咨询，提供各种企业应用建议。根据企业制定的技术应用策略，对企业的技术应用进行详细的策划，规划出企业的短期与长远的规划和实施方案，这个阶段完成企业核心人员的本企业应用策略和应用规划知识的积累。

然后选择企业最典型的技术应用进行实施，首次开发企业的应用系统。企业选择技术人员参与系统开发应用技术的学习，掌握移动互联网应用系统开发基础技术和应用推广技能，在这个基础上再进行企业应用系统开发，开发过程中企业技术人员应该全程参与，企业技术人员一方面参与实战开发，充分了解系统的各种开发细节；另一方面学习应用系统的开发监理。企业应十分重视首次系统的开发，这是一个难得的学习过程，是企业移动互联网技术实战知识最佳积累过程，在这个过程中，企业积累最初的专业技术人员和应用系统开发经验。

系统开发完成后，企业的首批技术人员负责组织应用系统在使用部门的使用人员培训，必须使系统使用人员具备移动互联网技术的基础知识，并充分了解系统的功能及掌握系统的使用方法，企业的管理人员和专业技术人员应全程参与首次系统的应用推广，在这个过程中了解系统的使用效果与各种功能实用与否，了解系统功能与设计功能是否符合，

系统效果与企业规划方案的预定效果有无差别，并在这个过程中学习系统功能修改方法，对与设计功能不符合的功能进行修改，同时也为以后系统的升级做准备。这个阶段企业积累首个系统应用推广的实战知识，管理层和主要技术人员可以把移动应用技术、策划规划技术、系统设计技术、系统开发技术和系统应用推广经验进行充分的融合，完成企业的首次系统应用所有企业知识和经验积累。

首个企业应用系统在企业应用后，专业技术人员应密切跟踪使用过程的各种细节，了解各种功能的使用情况，在这个过程中逐步形成应用系统的升级方案，在升级方案成熟时组织企业管理层进行升级方案的审核，同时对前一阶段的企业策略与规划方案进行修改，由专业技术人员组织开发公司进行系统升级开发和升级应用培训推广，完成企业首个应用的循环。经过这个过程，企业完成首个应用系统实施的知识和经验积累，这个过程重在知识和经验积累，系统应用效果应允许一个逐渐改进的过程，这个过程也是知识和经验的积累过程。

完成首个系统的知识和经验的积累后，企业可以按规划方案展开更多应用系统的开发，并且不断执行上面第一个循环的知识和经验的积累。这些知识和经验包括企业的移动互联网技术应用策略和规划、应用系统开发、系统应用推广、系统升级等环节的知识和经验，同时企业应用人员积累了移动互联网基础技术和企业系统的使用经验。从这个过程也可以看出，企业不同的人员所要求掌握的技术知识和技能是不同的，所以企业各部门人员的知识和经验积累计划是比较重要的，应在这个过程中逐渐明确并形成积累机制。

二、 企业技术积累人员知识要求

从企业的知识积累过程可以看出，不同的岗位在这个过程中完成不同的作用，只有企业内部各不同岗位的人相互配合，才能在企业中高效地实施移动互联网技术在企业中的应用，把握好企业在这个大变革期中的机会。总结起来，企业的知识和经验积累按企业岗位分主要有下列几类，见图6-17。

(一)企业管理人员

企业管理人员最重要的作用就是完成企业移动互联网企业应用策略的制定，同时完成企业应用规划和实施方案的制定，所以企业管理人员应该具备移动互联网技术基础及关键技术应用知识，了解社会上各企业的移动技术应用情况，能够详细分析企业的移动应用环境，掌握企业的移动应用策略和规划方案的制定方法，并能根据企业应用系统实施后对企业的移动应用策略和实施方案进行优化。企业的管理层是企业移动应用实施效果中最重要的人员。

(二)企业移动专业技术人员

企业移动专业技术人员负责协助管理层进行移动应用策略和实施方案的制定，负责实施企业应用系统的开发全过程，同时也负责应用系统培训推广的组织和实施工作，对系统进行适应性的功能升级。他们是企业移动应用的主力军，企业应该重视培养这部分人才，他们是企业策略和规划方案的执行者，是企业移动应用推广的主力军，企业技术性积累的岗位。他们应具备如下知识并完成经验积累。

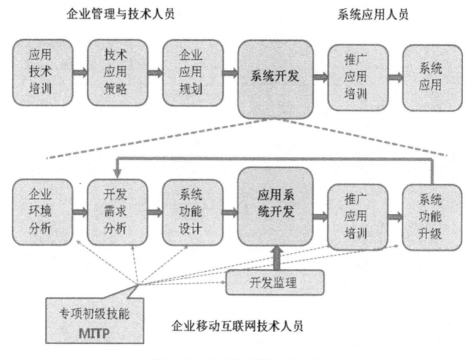

企业管理与技术人员　　　　　　系统应用人员

企业移动互联网技术人员

图 6-17　企业技术积累人员分布

1. 企业移动应用级技术人员的知识要求

(1)掌握移动互联网应用的基本技术。

(2)掌握移动 APP 开发基本技能及 APP 开发管理技能。

(3)了解企业营销、信息传递及生产管理的基本状况。

(4)掌握企业移动技术应用的解决方案。

(5)掌握企业移动应用环境的分析方法。

(6)掌握企业移动应用系统的功能需求分析方法。

(7)掌握企业移动应用系统功能设计。

(8)掌握企业移动应用系统开发管理方法。

(9)掌握企业移动应用系统在企业中的培训、推广应用技能。

(10)掌握企业移动应用系统升级功能设计与升级开发管理。

有研发条件的企业,可以考虑企业自己开发移动应用系统,那么必须配备移动系统开发人员,移动应用系统的开发包括智能手机端应用软件 APP 开发和服务器端软件开发两个部分的人员。传统服务器端软件开发由于是非常成熟的技术,但移动应用系统由于关联移动通信网络和智能手机终端,所以传统的服务器端软件开发人员技术不足以完成移动应用系统的开发,必须增加学习移动通信技术和智能手机系统开发技术。这两类开发技术人员所要具备的知识技术如图 6-18 所示。

移动互联网技术应用基础

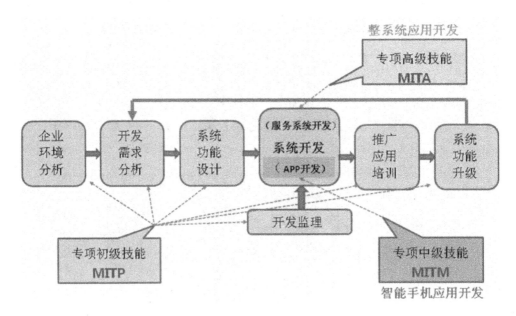

图 6-18　企业移动技术人员分类

2. 企业移动中级技术人员的知识要求

（1）掌握移动互联网专项技能初级的所有技能。

（2）熟识企业运营中营销、信息传递与生产管理的基本状况。

（3）掌握移动互联网应用系统服务器系统功能设计与 APP 系统总体设计。

（4）能够组织并实施智能手机 APP 应用系统的开发。

（5）掌握智能手机 APP 开发热点技术。

（6）掌握 APP 应用系统的软件开发方法。

（7）掌握移动互联网应用系统的配置管理方法。

3. 企业移动高级技术人员的知识要求

（1）掌握移动互联网专项技能中级的所有技能。

（2）熟识企业移动互联网应用情况与各类实施案例。

（3）能够策划各类企业移动互联网应用的整体解决方案。

（4）能够组织并实施移动互联网应用系统的整体开发。

（5）深度掌握 APP＋服务端平台架构设计。

（6）深度掌握 APP＋服务端平台架构开发流程。

（7）深度掌握 APP＋服务端平台架构开发管理。

（8）深度掌握 APP＋服务端平台架构各模块开发方法。

（9）深度掌握 APP＋服务端平台架构系统的调试、应用培训与推广。

（10）深度掌握 APP＋服务端平台架构系统的升级开发与管理。

（三）企业移动系统的应用人员

企业移动系统的应用人员包括企业的各个运营环节，可以总结为三个大类的人员：第一类是市场营销类人员；第二类是信息管理类人员；第三类是生产运营类人员。这三类人员所要求掌握的移动互联网基础知识基本相同，但对关键技术应用的要求是有所不同的，营销人员以网络营销技能为主项，信息管理人员以移动信息应用为主项，而生产运营类人员以各种专业移动行业应用系统的应用实施为主项，所以企业对这三类人员所分配的技术知识和经验积累任务应有所不同，主要的技术知识和经验如下。

1. 企业市场营销人员的知识要求

（1）掌握移动互联网技术基础知识。

（2）掌握企业市场营销各种移动互联网技术应用系统功能及作用。

（3）能够熟练操作企业各类市场营销移动应用系统。

（4）学习和积累移动网络营销的各种营销技术。

（5）能够根据企业的网络营销策略推动移动互联网营销技术在企业中的应用。

2. 企业信息管理人员的知识要求

（1）掌握移动互联网技术基础知识。

（2）掌握移动互联网关键信息技术及其在企业应用环境。

（3）能够熟练操作企业各类信息移动应用系统。

（4）能够根据企业的信息系统现状选择和推动移动互联网信息技术在企业中的应用。

3. 企业生产运营人员的知识要求

（1）掌握移动互联网技术基础知识。

（2）掌握移动互联网行业用的关键技术及其在企业应用环境。

（3）能够熟练操作企业各类移动行业应用系统。

（4）能够根据企业生产流程的现状选择和推动移动行业技术在企业中的应用。

企业中移动互联网技术应用是一个逐渐演进的过程，它需要企业有自己的策略，有中长期的规划方案，然后在企业相关岗位具备基础知识的前提下，进行企业移动应用的开发和应用；企业在这个过程中必须重视技术知识和应用经验的积累，形成积累机制，按岗位不同进行有目的有计划的知识和经验积累，这样企业才能够不断积累技术知识和经验，使企业的移动应用能够按计划稳步推进，为企业在这个移动互联网变革时期取得好的成果。

材料阅读

移动互联的企业级应用将会是爆发消费。美国已经开始了，中国的企业改变会慢些，然而企业会慢慢意识到移动互联的企业级应用的重要，会要求改变，在移动互联网市场的快速增长中，企业移动应用的贡献将越来越大。当社交、LBS 都玩过之后，未来 2 到 3 年，企业级应用极有可能成为移动互联网的下一个主要战场。当前由于移动互联网的企业应用较少，企业可以根据自己的实际情况，提出具体的系统功能需求，再由开发公司进行开发。

◀‖ **复习思考题** ‖▶

1. 移动互联网技术将会带来哪些社会变革？

2. 企业移动互联应用有哪些需求？

3. 阻碍移动互联网技术在企业的应用的原因有哪些？

4. 当前，很多企业进行了网络营销的尝试，但都以失败告终，请指出其失败的原因。

5. 企业该如何从传统的营销模式过渡到网络营销模式？

6. 请问该如何组建企业的移动信息系统？请简单阐述你的策略。

7. 请简述企业移动互联网技术积累的过程。

8. 企业的知识和经验积累按企业岗位分主要有哪几类？企业管理人员应该具备哪些知识？

参考文献

[1]危光辉，罗文．移动互联网概论[M]．北京：机械工业出版社，2014.

[2]梁晓涛，汪文斌．移动互联网[M]．武汉：武汉大学出版社，2013.

[3]蒋凌志．移动互联网技术与实践[M]．苏州：苏州大学出版社，2013.

[4]胡建国．天街有网亦比邻[M]．广州：广东科技出版社，2013.

[5]刘伟毅，张文．获利时代移动互联网的新商业模式[M]．北京：人民邮电出版社，2014.

[6]大卫·琼斯．赢在互联网思维[M]．苏立，译．北京：人民邮电出版社，2014.

[7]西门柳上，马国良，刘清华．正在爆发的互联网革命[M]．北京：机械工业出版社，2009.

[8]胡世良，钮钢，谷海颖．移动互联网赢在下一个十年的起点[M]．北京：人民邮电出版社，2011.

[9]官建文．中国移动互联网发展报告[M]．北京：社会科学文献出版社，2013.

[10]曾航，刘羽，陶旭骏．移动的帝国[M]．杭州：杭州蓝狮子文化创意有限公司，2014.

[11]程慧．中国移动智能手机的秘密[M]．北京：北京邮电大学出版社，2013.

[12]陈光锋．互联网思维——商业颠覆与重构[M]．北京：机械工业出版社，2014.